谨以此书纪念刘敦桢先生诞辰 125 周年

中国建筑史

刘敦桢 著

华中科技大学出版社
http://press.hust.edu.cn
中国·武汉

图书在版编目（CIP）数据

中国建筑史 / 刘敦桢著. -- 武汉：华中科技大学出版社, 2022.11
ISBN 978-7-5680-8767-4

Ⅰ. ①中… Ⅱ. ①刘… Ⅲ. ①建筑史－中国 Ⅳ. ①TU-092

中国版本图书馆CIP数据核字（2022）第205905号

中国建筑史
ZHONGGUO JIANZHUSHI

刘敦桢　著

出版发行：华中科技大学出版社（中国·武汉）　　　　电话：(027)81321913
　　　　　武汉市东湖新技术开发区华工科技园　　　　　邮编：430223

策划编辑：张淑梅　　　　　　　　　　　　　　　　封面设计：王　娜
责任编辑：赵　萌　　　　　　　　　　　　　　　　责任监印：朱　玢

印　　刷：武汉精一佳印刷有限公司
开　　本：787 mm×1092 mm　1/16
印　　张：13.75
字　　数：298千字
版　　次：2022年11月 第1版第1次印刷
定　　价：78.00 元

投稿邮箱：zhangsm@hustp.com
本书若有印装质量问题，请向出版社营销中心调换
全国免费服务热线：400-6679-118 竭诚为您服务
版权所有　侵权必究

刘敦桢（1897—1968）

　　我国建筑学家，建筑史学家，建筑教育家。早年留学日本，曾任中央大学工学院院长、南京工学院建筑系主任、中国科学院学部委员。刘敦桢先生把毕生精力献给了我国建筑教育事业和古代建筑研究工作，是我国建筑教育的开拓者之一，培养了一大批建筑人才。他是我国传统建筑研究的奠基者之一，用现代科学方法对我国华北及西南地区的古建筑进行全面深入调研，为研究中国古代建筑打下坚实的基础。

　　中华人民共和国成立后，他首先开展对我国传统民居及苏州园林的研究，并长期领导、组织中国古代建筑史的编写。这三项研究，后来均有重要的学术著作出版。此外，还主持了南京瞻园的整扩工程。这些成就和贡献，使他的学术地位到达常人难以企及的高度。

　　他所做出的诸多贡献，大部分现已载入《刘敦桢全集》（十卷）。

出版说明

  本书是我国著名建筑学家、建筑史学家、建筑教育家刘敦桢先生的《中国古代建筑史》教学稿，当时还处于手抄著述的年代，文章是经过作者精雕细琢提炼而成的。为尊重作者写作习惯、遣词风格和语言文字自身发展的演变规律，本书语言文字、标点等尽量保留了原稿形式，有些地名还是用的原名称，这样会与现代汉语的规范化处理和行政区划有些不同之处。在章节编排方面，基于篇幅和体例的需要，章节层次与手稿形式稍有调整，敬请读者特别注意。

  为了本书的出版，刘敦桢先生哲嗣刘叙杰教授花费大量心血收集、整理先生遗著，在此表示感谢。由于编校仓促，难免有不妥和疏漏之处，敬请读者指正。

华中科技大学出版社

2022 年 11 月

目　　录

第一章

自然条件与中国建筑

一、概说

（一）人类建筑产生与发展之背景

人类之建筑，乃系为满足自身之种种需要，在一定物质条件及支配此等条件之生产方式，及其所派生之政治、文化等基础上，所产生与发展者。所谓物质条件，除劳动力与劳动工具外，尚包括自然界之地理、地质、气候、水文、生物诸因素。由于它们均系人类赖以生存与繁殖之必需，所以亦成为人类建筑形成与发展之必要前提。就另方面而言，建筑又受到人类社会上层机构（政治、文化、思想……）之影响与制约，并随其发展而产生变化。由此可知，人类建筑之产生与发展，必与当时当地之自然条件与社会条件有密切关联。

（二）建筑与自然条件之关系

原始社会初期，人类之生产工具虽已由粗制之石器进化为骨器及弓箭等，然当时原始人群仍主要依靠渔猎与自然采集为生。由于此类生活资料之来源及取得极不稳定，所以生活甚为艰辛。经中石器时期至新石器时期，人类逐渐掌握了耕种、纺织、畜牧等生产技术，生活亦因此渐趋稳定与改观。但同样从事农、牧生产之原始人群，未必都能获得同等之劳动成果。以农业为例，位于温带与亚热带地区之河谷及冲积平原者，其土地肥沃，阳光与雨量充沛，农作物生长较快，产量也高。这就使当地经济得以较快繁荣，并进一步推动了社会各方面之发展。如附近另有河流、海洋，则因交通运输之便利，使贸易、文化等方面之交流频繁，就会给当地居民带来更多有利条件。此亦即古代之埃及、巴比伦、印度与中国等地区，成为世界人类文明摇篮之重要原因。由此可见，自然条件之优劣，在人类社会的早期可在相当大程度上促进或阻滞其发展。当社会已具有一定的经济组织职能后，则生产力与生产关系就成为推动社会前进之主要力量。而自然条件之影响，虽已逐渐退居次要地位并被削弱作用，但仍不容予以忽略。

建筑之产生与发展亦复如是。人类最初之建筑均系产生于极为原始之物质条件下，仅能利用自然界所直接赋予之材料（如土、石、木材、茅草等），以及当时仅有之工具与技能。因此毫无疑义，此时大自然之气候及材料，在很大程度上影响着人类建筑的结构与形式。只是随着人类生产和社会的进步，人类对大自然的认识与控制程度的加深，以及对生产和生活需求的不断提升，才有可能利用新的材料（如钢铁、水泥、玻璃……）和新的技术（如电……）来创造新的建筑。

以上所述人类建筑与自然条件之关系及影响，其目的是了解建筑之产生与发展之经过，以便今后更全面地认识自然与利用自然。

二、影响我国建筑之自然条件

大致可分为地理、地质、气候与材料等几方面。

（一）地理

1. 位置

我国位于亚洲东南部。疆域东西横亘五千余公里，位置在东经71°（帕米尔高原）至136°（黑龙江省抚远县东境）之间。南北距离亦相仿佛，即自北纬4½°（南沙群岛之曾母暗沙）至53½°（黑龙江省漠河县北江心分界线）。但主体地域之纬度仅介于北纬20°至45°间，即属于地理与气候较佳之温带地区。

我国之西、北疆土深入亚洲大陆。陆地国界先后与朝鲜、苏联*、蒙古、阿富汗、巴基斯坦、印度、尼泊尔、缅甸、老挝、越南等国接壤。疆界之东、南两面，则为长达一万一千余公里之海岸线。海域南疆延至南沙诸岛，与婆罗洲西北之沙捞越、印度尼西亚毗邻。由于领土兼有水陆之长，所以构成了立国的有利条件。

2. 面积

我国自古以来，即为版图宏阔之大国。现有陆地国土面积约为960万平方公里，版图之大，仅次于苏联与加拿大，而居世界第三。

3. 地形

整个地形趋势为西北高东南低。北部有蒙古高原，西侧为西藏高原，西南则系云贵高原与横断山脉之高山深谷。主要河流大体与纬线平行，即源于西部而东流入海，如黄河、长江、珠江三大水系。它们贯穿境内最富庶地区，形成中国之主要动脉。所经之处有平原、湖沼、丘陵、山岳、盆地、沙漠、草原等复杂地形。

总的说来，全国大致可划分为九大区域，即：东北地区、内蒙古高原、西北高原、青藏高原、华北平原、四川盆地、江淮平原、云贵高原和闽、粤丘陵区。由于各区之纬度与地形各不相同，所以其间之气候与物产（包括建筑材料在内）亦形成较多之差异。

---

* [整理者注] 此文成于1964年，此时苏联尚未解体，故保留此说法。

此种复杂之地形，对我国建筑发展可称有利。例如国内大部分地区很早即已采用木架系统之结构形式，即为适应此不同地区之自然环境者。由此产生不同形式之平面与外观，从而大大丰富了我国传统建筑内容，使它成为具有统一性与特殊性相结合之建筑艺术，此亦为其他国家所少见。

4. 地理条件与建筑发展之关系

我国传统建筑之发展，与本身之地理环境有如下数种具体关系。

（1）位于我国中部黄河流域之黄土平原，因土地肥沃颇宜于农业，且交通便利，因此成为中国古代经济与文化的主要发源地，同时也是我国古代大多数王朝的政治中心（或都城）所在，从而使该区之建筑发展较早，演变也较多较快。

（2）中国古代文化由黄河流域传播到长江流域，再推广到珠江流域，最后才达到西南高原及其他山岳地区*。而后者因交通不便，对传入的建筑结构与形式，常予长期保留而少加变化。换言之，它的发展较迟，演变也较缓慢。

（3）古代中国与西方之重要陆路交通往来，大约正式始于西汉中叶，以后至唐代又达到一个高峰。即中国之政治势力达到当时西域诸国后，才较为频繁。是以中国与巴比伦、希腊等国之文化交流，较之印度稍晚。

（4）唐代以后，南海交通日益发达，是以广东、福建一带最先接受伊斯兰教建筑艺术影响。而明末以来，亦成为最早接受欧洲建筑影响之地区。

（5）中国与朝鲜、越南接壤，并与日本一海之隔，因此，中国古代之建筑艺术，很早即被它们所吸收与采用。

5. 地理条件与建筑结构及式样之关系

（1）在我国古代，黄河流域尚存在相当茂盛之森林，又有天然深厚之黄土层，因此，居住于该地区之先民，利用此两种材料，创造了木架与版筑的建筑结构方式。

（2）盛行于我国东南湖沼地区的干阑式建筑，往往临水筑基，或迳建于水中。西南丘陵地区因湿热多雨，或为避蛇虫之扰，亦多采用干阑建筑。它们的结构与外观，自然和其他地区大不相同。

（3）我国东北与西南的山岳地带，因盛产木材，至今在若干地区中尚使用井干式建筑。

（4）西藏、四川、青海等地，因高原气候寒冷，多风雪而少雨，故建筑常用窗小之厚墙及平屋顶。云南境内风力较大，故屋面亦铺筒瓦，与华北诸省同一方式。

（5）沙漠地区民族逐水草而居，故使用易于装拆之帐幕（如蒙古包）作为主要建筑之形式。

---

*［整理者注］著者在撰写此文时，江南之彭头山文化、河姆渡文化及内蒙古一带之兴隆洼-红山文化尚未发现，故仍依原意未改。

其于青海、西藏、甘肃等地之牧民亦有用者。

（6）西南横断山脉地区的桥梁，因河谷深而水急，为避免桥墩被水冲毁，故常采用索桥（竹、铁）或悬臂式木桥（又称飞桥）。

（二）地质

1. 中国之地质概况

（1）中国之土壤。分布于华北一带大都属由碱性黄土所形成之平原或台地。南方诸省虽有灰壤、棕壤、红壤、紫壤等不同差别，但大体系酸性黏土。长江下游与沿海地带，则多为含水量较多及地下水位较高之冲积土与湿土。河北省中部及内蒙古、宁夏等处，有局部碱土及盐土。东北诸省除碱性黄土外，尚有肥沃之灰壤与灰棕壤。

（2）中国之岩层。四川盆地之红砂岩离地面较浅，分布亦很广，但质量松脆，不能作高级建材。石灰岩各地产量较多，但高级石材如质地坚硬之花岗岩及纹理秀美之大理石储量甚少。

（3）中国之地震。均非出于火山爆发，而是出于地层构造之变化。其产生原因，是地球地壳自若干亿年前形成到现在，各部分所受地心熔岩浆压力很不平衡，而分布于地壳内部之压力亦经常处于变动之中。地壳岩层本具有一定弹性与强度，当某处压力超过所能承受之限度时，地层即产生分裂或错动，由此而形成地震，并影响到附近地区。其波及范围与造成损害的程度，视内力大小与传力情况以及所在地点地质构造而定。地壳一旦分裂或错动，就会形成断层。因此，地貌上断层较多之处，即是容易发生地震之地区。我国北方地震区以甘肃六盘山为策源地，烈震时可影响华北诸省。南方则以西南之横断山脉地区地震为多。甘肃一带之地质，约上新世时期，其岩石因受气候影响，表面已分裂为砾石层。更新世初期以后，地层表面又因风力的堆积，而成为黄土台地。黄土层中的水分经毛细管下渗，使它与砾石相近之下层形成泥浆状态。因此，若遇地震就易产生分裂或下滑，危险性很大。

2. 中国黄土之特征

中国古代文化胎息于黄河流域之黄土地区。关于黄土所具特征，现介绍如下。

地球上原来仅有岩石，而无土壤。尔后由于物理性之风化与化学性之分解，以及生物残骸腐化等原因，遂将岩石逐渐分解成为土壤。在欧洲大陆，因几次冰川时期气候的变化与雨雪冲积，形成了许多平原与盆地。但中国黄河流域的黄土层，则是因上新世时期地球地壳的造山运动，形成了隆起的喜马拉雅山脉。从此印度洋上的热带季候风不能北来，结果位于今日新疆塔里木盆地与蒙古一带的内海涸，并逐渐成为沙漠。大约自更新世初期开始，亚洲北部的季候风将沙尘吹扬至秦岭山脉及伏牛山脉乃至大别山脉以北地区，经若干万年的堆积，形成了今日的黄土地带。

黄土可分为初生黄土与次生黄土二种。初生黄土又称风成黄土。次生黄土除风成的外，还可源于水成，如溪流附近的盆地与冲积黄土层，即属于此类。次生黄土中含有沙砾者，尤为明证。

黄土层的厚度，从10米到120米不等。以地区划分，则甘肃一带的黄土台地最厚，陕西、山西、河南等省次之，安徽北部与黄河下游三角洲的冲积黄土区又次之。

就黄土的物理性质而言，它是一种极细微的矿质尘料，而非黏土。矿质的体积以直径0.05厘米者占70%~80%，达0.20厘米者绝少。黄土土质松软，便于耕作，土内构成众多的毛细管，雨雪后能保持相当湿度，并可将土中的矿物质等沿毛细管输至上层，以供植物吸收，因此是一种有利于农作物生长的土壤。

黄土之化学成分据分析，含有石英、长石、云母石、方解石、磁铁矿、磷灰石、橄榄石、碳酸石灰等内容。但各地之黄土成分略有出入，故有漠钙土、淡色钙土、暗色钙土及含砂较多之砂姜土数种。然土内一般均含有碳酸石灰，如加以适量水分，则碳酸石灰可不断分解土中的矿物质，使其成为极肥沃土壤。因此，建设相应的灌溉工程，对提高黄土地区的农业生产起着关键的作用。

3. 地质对建筑之影响

（1）黄土对建筑有如下优点。

①黄土土质平均，厚度深，易于排水，是建筑物的良好基床。

②黄土中含石灰质，能提高夯土版筑墙等构筑物的强度。

③本身具有垂直节理，虽呈壁立状态但不崩溃。因此，早在新石器时期就已被用作竖穴及横穴（窑洞式居室）。在山西、陕西、河南等省缺乏木材地区，居民利用黄土断崖开凿以作民居。由于黄土具有隔热性能，所以穴内冬暖夏凉，颇适于居住。但甘肃一带因多地震，似应控制使用。

（2）酸性黏土吸水后排泄较慢，不是理想建筑基床。又黏土收缩性大，容易龟裂，须加石灰与砂，方可筑墙。

（3）湿土与冲积土含水分较多，故荷载力较小。如基础荷重大，则需打桩或采用其他加固措施，颇不经济。

（4）河北、内蒙古、宁夏等处的碱土受日光蒸发后，碱质由泥土中的毛细管上升，剥蚀砖墙或石墙的下部，影响建筑的寿命。旧法在墙下部距地面30厘米处铺木板一层；或铺树枝、高粱秆7~10厘米，利用其间空隙流通空气，缓和碱质上升；或用素土筑成台基，再在台基上建造房屋，但都非彻底之解决方法。现在可在墙身近地平线处，置水泥腰箍一周；或在房屋周围铺水泥地面，以减少泥土之蒸发；或在附近多栽植吸收碱质之花木；或挖掘沟池，使泥土表层的碱质，随雨雪流集一处，都可收到相当的效果。

（5）岩层如为厚度较大的水平层，且无破裂断蚀等情状，乃属理想之建筑基层。但实际符合此情况的为数甚少。四川系红砂崖构成之盆地，所以当地汉代墓葬多采用崖墓形式。六朝以后，始于地面掘穴建坟。抗日战争期间，依崖掘坑道作为防空洞者甚为普遍。亦有移作仓库或改作工厂车间者。

（6）地震之运动颇为复杂，但一般以水平方向的震动为多。不论何种方向的震动，都属以加速度改变建筑的荷重方向，从而产生破坏建筑结构体系及受力材料的应力。因此，房屋愈高愈重，所受之破坏愈大。其中刚性结构节点又较柔性者受破坏大。在中国历史中，地震曾予建筑以多次严重损害。如近千年以来，仅北京之地震记录就达八十五次之多。其中最激烈者发生于元至元三年（公元1337年），其连续地震竟达六天之久。近些年，甘肃、云南亦有地震多次，个别城市甚至全毁。因此，在今后之经济建设中，应当特别注意此项破坏之可能性。

（三）气候

1. 中国之气候概况

我国国土虽位于北半球温带，但因地域太广，以致北端已具亚寒带气候，而南端则呈亚热带气候。大体说来，我国气候夏季较热，冬季较冷。且冬、夏二季温差颇大，雨量又多半集中于夏季。此等现象均属大陆性气候特征。

各地之风向，因纬度与地形等影响，亦有若干差别。但大致冬季多为北、东北或西北风。夏季则以南、东南、西南风为主。

横亘于国土中部之秦岭山脉、伏牛山脉及大别山脉，将我国划分为南、北二部。其北部气候较冷，雨少而空气干燥。其南部则较暖，多雨而潮湿。因此，建筑之结构与形式亦产生若干区别。此外，同属南部之四川盆地与云贵高原，因海拔高度与地形不同，气候亦迥然有别。又如同处长江下游之南京与上海，两城相距不远，但南京位于陆地，上海则邻近海洋，以致两地气候差别颇大。

2. 气候与木架建筑之关系

由于我国疆域广大，地形与气候复杂，其间形成差距颇大。如兴安岭山区，冬季曾有零下摄氏五十度之超低温记录。而位于西北之新疆吐鲁番盆地，夏季最高温度竟达摄氏四十六度。再若四川与西藏虽在同一纬度，但前者系一由高山包围之盆地，气候相当温暖；而后者约有一半面积在海拔5000米以上，以致夏季平均温度不过摄氏十度，与寒带情况无多大差别。此外，如海南岛位于亚热带，终年如夏，而无四季之明显区别。由于上述情况，我国某些地方之房屋，需要较厚之屋面与墙壁，以及较小面积之门窗，以御严寒。但另外若干地区，则使用较薄之屋面与墙壁，并要求加大门窗面积，以求通风散热驱湿，甚至形成四面开敞、有若干凉亭式样之建筑。如我国之传统建筑仅采用承重墙而未采用木架结构形式，就难以适应上述复杂多变的气候与各种不同的建筑要求。此即木架建筑在我国自古以来被普遍采用的主要原因。

3. 气候与建筑平面之关系

（1）我国冬季之主导风向，以北风居多，是以一般建筑均采面南背北布置。但江浙一带，夏季常有袭自东南之台风，因此房屋朝向多采南偏东5°或15°。

（2）日照角度对建筑亦产生重要影响。如华北地区建筑朝南，则夏季日光射入室内较浅，而冬季日光射入室内较深，最合居住要求。然而在西南地区的云南昆明，地处北纬25°与海拔2000米的高原上，其建筑方位如选择正南，夏季虽无阳光侵入，室内比较阴凉，但冬季阳光射入室内深度不及北京的二分之一。因此当地乡间居朝向常采取南偏东或南偏西，以弥补上述缺陷。此种方式的采用，据记载至少在唐代已很普遍。

（3）四合院为我国传统建筑最常见的布局形式，但因气候不同处理亦略有区别。在气候较凉爽之华北诸省与云南高原，院落多呈方形或近于方形之矩形，以争取四面建筑均可获得较多之日晒。而在夏季相当炎热之长江流域与珠江流域，其四合院院落多采用东西长南北短之狭长形状，俾使遭受强烈日晒的东、西两侧房屋面阔减至最低程度。

（4）气候与结构式样之关系。

①中南与西南山区潮湿闷热，又多虫蛇。居住于该区之苗、瑶、黎、傣等兄弟民族，利用当地盛产之竹木，建造下部架空之干阑式建筑。此与东北地区之建筑，为防止土壤中水分因冰冻与融解导致建筑下沉或开裂，从而将基础置于冰冻线以下（有的竟深达三米半）的做法，不啻有天壤云泥之别。

②房屋高度于南方较高，以有利通风。北方较低，则着意于保暖。

③墙壁构造方面，南方诸省之建筑每于檐柱间施木板或编竹涂泥之竹笆墙，即阻隔风雨，或使用厚25厘米之空斗砖墙与实砌砖墙。北方各地之建筑之外围护结构，大多采有坚实之夯土墙、土坯墙或实砌砖墙，厚度都在38厘米以上，甚至可达1米有余。

④北方建筑之柱为承载较厚重之屋面与强劲之水平风力，故直径较粗，并包砌于外檐墙体内。南方建筑则因上述二项外力较小，故可用较细断面。又因气候潮湿，木材易腐，柱体常与墙身分离。

⑤屋面结构在北方因御寒需要，椽上铺望板，上再垫较厚之苫背，用以保温并固定瓦件，是以屋面甚为厚重。其如宫殿、庙宇等官式建筑，尤为特出。而南方绝大多数建筑，仅于木椽间置蝴蝶瓦。

⑥由于上述气候对建筑产生种种影响，南、北方建筑在外观上亦形成若干差异。一般来说，南方建筑柱较细长，墙身与屋面轻薄，门窗量多面积大，整体印象清秀玲珑。北方建筑柱、梁粗壮，墙身与屋面厚重，门窗较少且小，外观显得雄浑稳健。

⑦雨量较多与阳光强烈的南方，常于街道两侧建骑楼或檐廊，或在桥梁上建筑廊屋。山洪较大处之石桥，往往在桥墩上及桥头置小券泄水，或用石柱代替分水金刚墙。

⑧雨量稀少之西北地区及华北等地，除大量使用夯土墙外，建筑常以土坯或灰土构成平顶或囤顶式样。

（四）材料

中国古代建筑之材料，以木材与泥土为主，故称建筑房屋为"土木之工"。其次为砖、瓦、石、竹与油漆。而金属材料与矿物颜料等，仅居辅助地位。

1. 木材

我国古代具有丰富森林资源，以至于至少在新石器时期，就已将木材应用于建筑房屋，并由此发展了抬梁式、穿斗式、井干式和干阑式多种形式的木建筑。而尤以其中之抬梁式木架构得到特别广泛的应用和较大的发展，并使得中国建筑成为世界古代六大建筑系统之一。后来由于中原一带的森林砍伐殆尽，人们不得不制定种种法规，以防止浪费木材。另方面又努力使用砖、石材料代替木材。同时还在黄土层深厚的地区，继续保持窑洞这一传统形式，都收到很好的效果。此外，砖木混合结构建筑与用较小木材构成的穿斗式屋架以及用拼帮法做成的柱、梁，都得到广泛的应用。

2. 土壤

我国新石器时期的居住建筑，已使用在草木围护物表面抹泥之墙壁和屋面，室内泥土地面亦经过烧烤或其他加工。至夏、商时期，已普遍采用夯土建筑墙体、屋基乃至墓葬。自陶砖出现后，虽其用于建筑日渐广泛，但夯土技术及土坯砖仍被大量采用。直至目前，我国南、北农村中犹处处可见。夯土筑墙时，于墙体中施木骨等辅助构件以增加强度的方法，除见于北宋的《营造法式》记载以外，尚得之于辽、元建筑遗物。而仅施版筑建造三、四层房屋之例，在四川、福建亦不乏少数。

3. 砖材

据考古发掘资料，我国于战国时期即已使用表面模印花纹之大型陶质地砖，并以大型空心砖构造墓室。至少在西汉末期，条砖亦广泛见于墓葬。其用于房屋墙壁，似乎从东汉开始。南北朝时又施于建塔，河南登封嵩岳寺塔，建于公元6世纪初之北魏，是为现知我国最古的地面砖砌建筑物。依其形制，这时砖砌建筑已在模仿木建筑的外观形式。至唐代中叶，其模似程度已达很高水平。两宋、辽、金时期，木构之佛塔甚为少见，而砖塔已成为佛塔中的主流，其仿木形象更加细致华丽。明代又出现全由砖建的无梁殿，我国砖构建筑更向前发展了一步。

琉璃砖、瓦的使用最早见于北朝，唐、宋又有所发展，但至元、明才广泛使用。建于明初南京大报恩寺的九级琉璃佛塔，曾被誉为中古时期世界七大奇迹之一，由此可见当时成就的辉煌。清北京宫殿为我国现存使用琉璃构件之最大建筑群体，其规格也系最高级者。

4. 瓦件

西周已经使用了正式的陶质板瓦和筒瓦。瓦的雏形与出现当在更早，推测与陶器的产生有关。东周遗址中发现带蕨纹的半瓦当筒瓦，有的还附瓦钉。战国瓦有在表面涂朱为饰的。到北魏初期（公元 5 世纪初）才有琉璃瓦。不过当时担任制作的是大月氏国匠人，以致不久即失传中土。后来至隋代，有何稠者能制绿琉璃釉，因此琉璃瓦才又重新发展起来，但色彩种类甚少。唐代的琉璃瓦据目前所知，仅有黄、绿、蓝三种，远不若出土之三彩明器色彩丰富。宋代以后，琉璃瓦种类增加。明代起又在瓦坯内掺拌陶土，增加了瓦件强度，于是瓦的质量，得到了划时代的发展。清代宫殿所用的琉璃瓦，多经北京赵家窑承造。由于制作成为专业化与世袭职业，技术日臻精进，已能制出黄、绿、蓝、紫、黑、白、桃红、翠绿等色釉料。所以就琉璃瓦的颜色品种而论，应以清代最为进步。

5. 石料

我国所产的石料，虽有花岗石、石灰石、砂石、大理石等，可是质地坚固最适于建筑使用的花岗石产量不多。其主要产地在江西南部、湖南东部、广东北部和安徽南部等处。过去因开采不易与运输困难，一般很少使用。而黄河流域比较丰富的石灰石，又以我国传统建筑的结构以木架为主，因此石料多半仅用于房屋的台基、栏杆、柱础、踏步与桥梁的券体。仅少数用于铺地、砌墙、出檐与檐柱等。北京房山大石窝所产白色大理石，色泽纯洁，宜于雕琢，素负盛名，俗称"汉白玉"。明、清二代宫殿、庙宇常用为建筑之台基与栏杆，在艺术方面曾获得很高的成就与评价。云南大理点苍山所产之大理石，则以花纹秀丽闻名全国，常用作装饰用材。

北京房山、唐山等地的板石，坚而不脆，又能耐火，且重量不大，可用作屋面的铺材。此种石瓦，又见于西南山区及东南沿海之民居。

6. 竹材

竹的主要产地是在长江流域与珠江流域，可用来制作围篱、竹笆墙，或搭盖简单轻便的亭、廊、房屋，或作施工之脚手架等。它是我国南方诸省除木料以外，比较普遍采用的建筑材料。此外，在川、滇、西康一带，又利用竹的重量轻而具有较好的弹性与韧性的特点，制成张应力很大的竹索，并以此建造索桥。位于四川灌县*的安澜桥即其一例，其总长达 320 余米，成为世界上最特殊的桥梁工程之一。从这里也可充分证明我国古代匠师具有的高度智慧和伟大的创造力。

7. 其他材料

桐油与漆是我国的特产品。周代已用来保护建筑的木质部分，使其不受潮湿影响。朱砂的运用，早已见于殷代坟墓内的木椁。周、汉之际，又用以涂刷瓦面，以增加房屋之美观。后来

_____

* ［整理者注］今都江堰市。

和石青、石绿、赭石、铅白、槐黄、土红等，同为我国建筑彩画的主要材料。

铜、铁等金属一般用于建筑之门钉、门环、铺首及门窗的接榫部分（即角叶），或用于屋角、天花、藻井等处，以辅助木材应力之不足。其他实例及见于文献记载者，如商代宫殿在柱与柱础石间加铜锧一层，以防木柱潮湿腐烂；战国时于梁头、柱端置"金缸"；新朝王莽建太庙用铜斗拱；秦朝宫殿及西晋太庙中用铜柱；明代宫殿用铜制的阴沟管，并在屋顶的苫背下铺锡板一层，以防漏雨；后来明、清二代有用作屋面辅材或完全以铜建造殿屋（俗称"金殿"）等，都是比较突出的。但总的来说，其应用范围有限，对整个中国建筑的发展，未能起重大作用。

铁器的运用在汉代已甚为普遍，但是否已施于建筑，尚存疑待考。后世使用者亦不多，如扒钉、铁箍等。此外建石桥时，亦有熔铸于券石间作银锭榫者。在佛教建筑中，偶亦有全由铁铸之塔、幢者。

金、银等贵重金属使用极少，一般是镀在其他金属（如铜）之表面，称为"镏金"。常见于屋瓦及小型之塔、幢等。

第二章

社会发展与原始社会建筑

一、社会发展概说

（一）建筑与社会发展的关系

在人类社会中，人类自诞生伊始，经过幼年、壮年，以至于老死，无日不与建筑发生关系。所以离开人，便无所谓建筑；除开人的生活，便无建筑功能与建筑艺术可言。而人又是群居的，不可能脱离社会而单独生存。人们的意识形态，不问其自觉或不自觉，都被社会的生产力和生产关系，以及由它们所派生的政治、文化、宗教等上层建筑，所共同支配与左右。因此，由人类意识形态所反映的建筑艺术，必然成为社会经济体系所构成的上层机构的一部分。而不同经济体系所构成的不同社会，也必然产生由于不同社会需要而出现的不同建筑。即自古远之原始社会到 20 世纪，世界上任何一种建筑，无不依随社会之发展规律，并不断地改变着它自身的内容与外貌。因此，建筑发展与社会发展关联密切，而建筑发展的本身规律，还为社会发展总规律所制约。

（二）中国社会发展的分划问题

人类社会的发展，虽具有共同的统一性，但由于各民族的客观环境不尽相同，又产生若干特殊性。所以在总的发展规律方面，中国社会虽然也是由氏族组织的原始社会，经过奴隶社会，再演变为封建社会的。

我国过去载述历史的书籍，虽然数量很多，但大多是记载帝王将相、贵族豪强以及士大夫阶级的言行事迹，对于人民大众的生活情况，则很少述及。因此我们对我国历史发展的情况，未能得到一个全面和详细的了解，对许多问题还有争议。例如对奴隶社会与封建社会的划分，国内外学者还没有一致的意见。据范文澜先生的研究，西周时奴隶虽大量存在，但已不是构成社会的主要成分了。现在依照范文澜先生所著的《中国通史简编》，将中华人民共和国成立之前社会的发展划分如下：

原始社会　夏以前

从原始公社走向奴隶社会　夏

奴隶社会　商

封建社会　西周到鸦片战争

半殖民地半封建社会　鸦片战争到中华人民共和国成立之前

（三）各时期建筑的特点

从中国建筑的发展来说，由于各社会发展时期的性质不同，它给予建筑的影响也就不同。据本人不成熟的看法，从原始公社到奴隶社会，是中国建筑的形成时期。封建社会是中国古典建筑的发展与渐趋衰落时期。半殖民地半封建社会是中国传统建筑受帝国主义侵略，从而导致崩溃与蜕化的时期。

二、中国的原始社会建筑

社会生产力和生产关系的发展，是和生产工具的进步分不开的。因此，以生产工具的进展，作为划分古代社会的标准，已被公认是正确的方法。一般说来，从旧石器时代，经中石器时代，到新石器时代末期，由于人们的生产工具以石器为主，因此应属于中国的原始社会时期。而铜器的使用，是促使原始社会走向奴隶社会的主要原因。因此这两个社会的嬗递转变，完全以铜器的发明与使用为其关键。

（一）中国的旧石器时代

（1）旧石器初期，北京房山周口店的北京人，虽体质尚具有若猿人成分，但已有粗糙石器，并使用了火，又利用天然崖洞解决其居住问题。

（2）黄河上游的河套地区与宁夏附近，已发现旧石器中期人类使用的石器多种，但未找到居住遗迹。

（3）旧石器末期，房山周口店的山顶洞人仍住在天然崖洞内，但使用的石器已较进步，并有骨器与简单的衣服、装饰品及埋葬制度。

（二）中国的中石器时期 *

在满洲里的札赉诺尔煤矿中，发现以渔猎为生的中石器时代的人类化石及使用的细石器等，但亦未见居住遗址。

从旧石器时期到中石器时期的居住遗址之所以稀少，也许是因为这时正值华北黄土地区的堆积形成时期，许多遗址被黄土所掩埋，以致可遇而不可求。

（三）中国的新石器时期

由河南省陕县庙底沟（图 2-1）及渑池县仰韶村、山西省万泉县 ** 荆村与陕西西安半坡村等地所发现的新石器时期文化遗址，证明当时人类已知耕种（使用石犁）、纺织（陶纺轮）及饲养家畜。广泛地使用骨器与磨光石器，并能制作美丽的彩陶（以红、黄、黑诸色勾绘出多种

---

* ［整理者注］目前我国考古学界对石器时期仅划分为旧、新两期，不提中石器（或细石器）时期。

** ［整理者注］今万荣县。

优美的花纹图案）。所以这一文化也被考古学家称为彩陶文化。

当时的居民常在附近有河流或泉水之冈丘上营建聚落，并建造穴居（竖穴）与半穴居作为居住之所以及供储藏用的窖穴。前者平面略近圆形，剖面上小下大，底径1.5～2.5米，深度2～3米，内部有灶的痕迹，穴顶可能用人字形或圆锥形屋盖。此项竖穴可能建于铜器时代，在河南省安阳附近尚有发现。后一种穴居称半穴居或浅穴居，即从地平面往下掘深0.5～0.8米之浅坑作为居住面，室内设灶及通往室外之坡道。室内地面柱洞表明，此时已使用简单的绑扎木屋架，并有于树枝、茅草外涂泥土的墙壁与屋盖。建筑平面作矩形或圆形（图2-2、图2-3）。且若干居室常围绕一较大之方形房屋（图2-4），似为氏族公共活动之处。

在山东半岛北部及辽东半岛的南部，还发现由大块石板搭砌的、被称为"石棚"的原始社会建筑，以辽宁省海城地区的最为有名，估计是当时的墓葬。

图2-1 河南陕县庙底沟仰韶文化半穴居房屋

剖面 I-I 复原想象

剖视 复原想象

剖面 II-II

0　1　　　　3m

发掘平面

图 2-2　　陕西西安半坡村原始社会方形住房

剖面 I-I 复原想象

剖视 复原想象

北

剖面 II-II

I I

II II

发掘平面

发掘编号 22

0　1　2　3m

图 2-3　　陕西西安半坡村原始社会圆形住房

发掘编号 I
0　1　　　　5m

外观　复原想象

剖视　复原想象

北

剖面 I－I　复原想象

剖面 II－II　复原想象

发掘平面

图 2-4　陕西西安半坡村原始社会大方形房屋

三、从原始公社走向奴隶社会的中国建筑

所谓从原始公社走向奴隶社会时期，就是铜器开始的时期，也是金石并用时期。在年代上可能相当于夏朝。

山东省历城县龙山镇发现了黑陶文化遗址，并有铜箭镞与写有简单文字的卜骨。陶器的制作方法，已由手制进步为轮制。陶胎很薄，颜色深黑，因此这一文化又被考古学家称为"黑陶文化"。它是以山东为中心，南及淮河与长江下游的文化系统。遗址外侧，绕以平面为矩形的围墙，墙基厚约 1 米，全由夯土筑成，表面且具收分。此种版筑技术的出现，表明当时的建筑技术，已较前述之仰韶时期大有进步。

第三章

奴隶社会建筑

一、概说

中国古代社会至少在商代，即已进入奴隶社会。商代的版图，系以河南为中心。最初都商丘，后来迁亳，再经过五次迁都，最后建都于殷（今河南安阳），所以晚期又称为殷商。商朝的统治时期，前后约六个世纪。

商代是建在奴隶制度上的王朝。在文化上，已有阴历、干支、甲骨文字，与精美的白陶，以及高度发展的青铜器。由后者可知当时的手工业已很发达。商人最崇敬祖先与鬼神，是以迷信很深，凡大事先予筮卜，并设置专司筮卜的官吏——太史。现在传世的甲骨文，就是当时刻在龟甲和牛骨上的卜辞。这种习俗也许是由筮演变而来，而后代的五行阴阳之说和道教都是它的流裔。可见中国社会流传的一部分习俗——如崇敬祖先与迷信鬼神，至少在商代即已形成一定的规制了。

1928—1936 年，我国的考古学家经过多次在河南安阳一带的发掘，证实殷商时已有规模相当宏大的宫室和陵墓建筑。不过这些遗迹（图 3-1）均散布在洹水两岸，似乎当时并未在一个统一的规划下进行建设。

图 3-1　河南安阳小屯村商代遗址位置

二、殷商的皇宫、宗庙

殷商的皇宫、宗庙其遗址位于洹水南岸之河曲处。据当时的发掘报告，此建筑群由北往南迤逦，大致可分为北、中、南三区（图3-2），均为由夯土台基组成类似多进四合院的平面形式。北区（考古报告中称为"甲"区）有基址十五处，中区（"乙"区）基址二十一处，南区（"丙"区）基址大小十七处。此五十余处台基之主轴总方向均为北偏东5°左右，南北全长约330米。根据对基址及附近的发掘，北区大概是宫殿的居住区，中区则是朝廷施政所在，而南区是宗庙或祭祀地点。

台基均由夯土筑成，附近尚存取平的小沟。最大基址宽20余米，长80余米（"乙"八）。土台中有排列整齐成行、内置天然卵石的洞穴（有的石上覆以铜板），洞内尚有木烬遗留。可知这些卵石乃是原来木建筑的柱础，铜板是柱脚防潮隔湿的铜锁，而木烬则是房屋被焚毁后的木构残余。进一步推证，知此建筑均系木架结构，柱间距约二米半，柱径在20厘米左右。由于遗址中未发现片砖寸瓦，可窥知当时建筑屋顶系用茅草或树皮覆盖，与传说中的"茅茨土阶"基本吻合。

图3-2　河南安阳小屯村商代宫室遗址图

三、殷商的墓葬

已发掘位于河南安阳的殷商墓葬,大多散布在洹水的西北上游,即位于河北岸的武官村、侯家村一带。墓上均不起坟丘。墓穴为长方形或近于方形平面之土坑,小、中型墓不设墓道;大型墓设一墓道(南向)、二墓道(南、北向各一)(图3-3)或四墓道(东、南、西、北向各一)。中、大型墓之墓穴中,又分为椁穴与二层台两部分。椁穴中以巨木构成井干式椁室,棺下再掘一腰坑,埋一犬。二层台及墓道下埋殉葬人与马、猴等动物。木椁表面镂刻花纹,嵌贝壳与松绿石,并涂朱砂。原木椁虽腐朽无存,但所施花纹及饰品已压印在穴壁泥土中,尚清晰可辨。由此可知中国古代建筑早在三千余年以前,已经和雕刻、彩画有密切联系了。

发现于墓内的殉人与墓外的牲人,表明当时盛行惨无人道的殉葬与牺杀祭祀的风俗。

1.北墓道
2.战国墓
3.墓室
4.工形椁室
5.腰坑
6.南墓道
7.车坑

0   5   10m

图3-3 河南安阳后岗晚商大墓

四、木架建筑的形成与发展

依照建筑发展的程序来说，任何一种式样与结构的出现，或在其充分发展以前，必有一个酝酿时期。而它能够发展，又是与工具的进步无法分开的。我们知道当黄铜内加入15%~25%的铅时，才能制成硬度较大的青铜器。如果没有这种坚锐的工具，就难以开凿坚硬的石料，砍伐巨大的树木，以及制作复杂与精确的榫卯，从而无法建造高大的建筑物。由考古发掘得知，从新石器时代晚期到金石并用时期，在黄河中下游地区的仰韶文化与龙山文化遗址中，已出现由简单木架构成的半地下与地面建筑。除此以外，由于当时林木茂盛，还可能使用井干式结构的木建筑。后者的缺点是浪费木材多，且构成的空间有限，因而逐渐归于淘汰，后仅见于中原一带施用于墓内之椁室。与此相反的是，木架建筑能适应社会的各方面要求，用同样材料可以构成数量较多与空间较大的房屋。于是木架结构被逐渐推广到全国各地，成为三千年来中国建筑的基本结构形式。从木架建筑的萌芽到形成基本体系，大约是从原始社会末期到奴隶社会之间完成的。因此，笔者也认为此时期也就是中国传统建筑的形成时期。

第四章

封建社会建筑概说

中国的古典建筑，主要是在封建社会中发展起来的。因此，在说明各种建筑的特征以前，应当对中国封建社会的发展概况，先作一个简单的介绍。

凡是研究中国历史的人，都知道中国封建社会长期延滞。不过所谓的延滞，只是它的表面现象而已。其形成的主要原因，是我国原始公社的残余和奴隶社会发展的不充分，因而在封建社会的农村中，产生了自给自足的自然经济。它妨碍了整个社会的生产力和生产关系的发展。另外，历代统治阶级所施行的残暴镇压，千百年来深重的政治压迫与经济剥削，造成多数人民经济上的极端贫困和文化上的极端落后，以致严重削弱了中国社会前进的力量。

一、封建社会中的经济体制

中国封建经济的本质，属于所谓的亚细亚生产方式的范畴，和欧洲有所不同。我们都知道土地公有与农业和手工业相结合的生产关系，是构成原始社会的基本因素。可是到了公社末期，除了生产工具由石器进步到铜器以外，从事社会生产的主要劳动者，多数也由原来的氏族公社成员变化为丧失一切人身权利的奴隶。奴隶主为了榨取更多的剩余价值，就需要奴隶更熟练地掌握生产技能。这使社会生产中的农业与手工业不仅出现了明显的分工，还出现了更细致的专业分工。其结果是导致了公社组织的瓦解。

随着社会中奴隶人数的增加，社会劳动的分工也愈来愈细致与严格，公社的瓦解也就越快越彻底，而奴隶社会也可得到充分的发展。这是生产力促进生产关系的必然结果，例如古代欧洲的希腊和罗马即是最典型的例子。后来欧洲社会的生产力，在罗马帝国的废址上逐渐发展成为两种类型：最初在农村中以农奴劳动为主的土地产业、11世纪以后以工匠和学徒劳动为主的城市手工业。农村中的土地已被封建统治者和教会所占有，迫使城市中的工商业者以剩余资金从事生产，这样就促成工商业的繁荣与城市的发展。接着工商业者为了自身利益组织了各种行业公会，互相团结，与封建统治阶级形成对立状态。有些地方甚至用财力购得自治权，出现了所谓的"自由都市"。13世纪以后，这些"自由都市"因防御封建武士的侵略又结成同盟，其政治与经济地位更加巩固。因此在整个欧洲社会中，工商业的经济比重如旭日般逐步上升，而土地产业的经济比重则逐步下降。其结果是使得封建统治者对农民进一步加重了剥削，导致二者间矛盾的激化。后来工商业资产阶级领导了反对封建统治的革命，使欧洲进入了一个新的历史阶段。

中国社会大概在夏代初期才确立私有财产制，建立了帝位世袭的国家组织，正式进入了阶级社会。经夏末到商代，已建立了奴隶制的王朝。不过当时社会生产力不高，未能促使生产关系发生剧烈的变化，从而对原有公社制度的破坏是有限的。正因为如此，在西周时期又出现了以宗族为本位的封建制度，它是氏族残余和封建剥削相结合的政治组织。在政治上，周天子是最高统治者，他把土地分封给同姓诸侯与少数异姓诸侯；诸侯又把采邑分封给同姓和异姓的卿大夫；卿大夫再将土地分给下面的士和庶民。政治上形成了等级分明、上下依附的多层次从属关系。在经济上，卿大夫对诸侯、诸侯对天子都有输捐纳贡、服役随征的义务，而庶民除此以外更有助耕公田（即孟子所称"井田"）的义务。所谓的公田虽是劳役和地租相结合的封建剥削方式，但形式上还保留着共同劳动的习惯。

到西周末年，因公田管理不便，与私人开垦的土地不断增加等原因，乃废止公田改为什一而税的田赋，于是以土地为枢纽的封建经济基础便发生了动摇。东周以降，一方面铁工具的出现，提高了农业生产力；另一方面宗族间发生的激烈兼并战争，消灭了许多宗族，但使家族制度慢慢发展起来。从春秋到战国，正是家族制度取代宗族制度的激烈斗争时期。结果是前者取得了胜利，并促使社会组织产生了巨大变化。因为家族是以父权居主导地位的，家长死后，诸子分家独立，而各人所有的田地房宅，均可以自由买卖。于是农村中除了大、中地主外，又产生了无数小土地所有者，这是欧洲封建社会中所没有的。

上述小土地所有者由于数量庞大，成为中国封建社会经济的主要成员之一。也是两千多年以来，中国封建统治阶级的主要剥削对象。苛繁的剥削和压迫，驱使他们只能局限于农业与手工业直接结合的小天地里，用简单的工具从事耕作和纺织，过着勉强自给的自然经济生活。他们没有多余的农副产品供应市场，同时也无法成为城市工商业商品的重要消费群体。结果，中国封建社会的工商业者除了供应统治阶级的消耗所需以外，不能由广大农民处累积资金以扩大再生产，从而也就不可能具备进入资本主义社会的条件。另一方面，土地自由买卖以后，它又成为城市工商业者的投资对象，从而使他们成为商人兼地主加入了封建集团，并成为维护这一统治的重要支柱。所以在中国的封建社会中，始终没有出现过可与统治阶级进行对抗的新兴阶级，这也是我们和欧洲有较大差别的地方。

二、封建社会经济发展概况

中国农村中的自然经济，阻滞了社会生产力和生产关系的发展，但这不等于说三千年来中国封建社会的经济没有较大的进展。因为生产工具和生产技术的改进，以及历代农民的起义，曾对当时的经济起了一定的推动作用，加以领土的扩大和海外贸易的发展，都曾在历史上形成若干次兴盛局面。而这些兴盛局面又促进了经济的繁荣，进而促进了我国几千年来的灿烂文化以及辉煌的建筑艺术的发展。主要分为以下几个方面。

（1）东周以后，生产工具由青铜器进步为铁器，为深耕提供了有利条件。役牛耕田、施肥与水利灌溉等的普遍使用，大大提高了农业生产力。诸侯间的兼并战争，逐渐结束了分散的封建分封局面，最后由秦统一中国，建立了我国第一个中央集权的封建制度国家，推动了社会和文化的长足进展。

（2）西晋以前，江南一带仍采用较为简单的耕作方法。东晋以后，中原人民及贵胄氏族大量南迁，以较先进的方式开垦土地，并改良耕作方法，使江南逐渐成为全国最富庶的地区。从六朝末期起，北方诸省盛行的水碾和宋代南方诸省的深耕细作等方法，都对农业的发展作出了相当大的贡献。

（3）中国的农民起义，无论就次数之多或规模之大，都是人类历史中所少有的。历次农民起义，都打击了当时的统治阶级，在一定程度上变更了当时的社会关系，推动了社会生产力的发展。例如唐初的均田与清初的更名田，以及由此形成的贞观之治和康熙之治，都是显著的例子。

（4）西汉在秦代统一的帝国基础上，向外扩大了领土，开辟了海外贸易。经六朝到唐、宋，长安、广州、扬州、泉州等城市，成为陆、海对外贸易的重要城市，促进了纺织品、制茶、制纸、漆器、瓷器及其他手工业的发展和进步，促使了从事生产、贸易和运输的商人数量增加，又产生了汇兑、纸币与行业组织等。中国的经济在唐代得到了向上的发展，形成了我国封建社会中期的经济与文化高潮。宋代虽然受到辽、金等的压迫，但社会经济还是得到一定的发展，这和农业、手工业的持续繁荣以及南海贸易的畅通不无关系。

三、封建社会建筑的特点

文化是社会的政治与经济在意识形态上的反映。中国漫长的封建社会反映在建筑方面又是什么呢？虽然在当时建筑中占有绝对数量的，是百姓居住的用来遮蔽风雨的简陋房屋。而所谓真正反映封建社会建筑的重要实物，大多是为封建帝王、贵族、官僚、地主等统治阶级所服务的宫殿、苑囿、陵寝、城堡、邸宅、宗祠等，以及宗教建筑，如寺、观、塔、幢、石窟等。就它们本身性质而言，都是保守色彩较浓厚的建筑，由于因循一定的理法制度，是以延续多年而变化甚微。

除此以外，由于社会的生产力始终停留在农业与手工业的不甚发达阶段，没有出现有突破性的社会需求，所以不可能出现新型的建筑物，例如银行、商场、工厂、车站等。就建筑内部而言，绝大多数也不必具有广大的空间和承载很大的活荷载，更不必考虑此空间内由于活荷载所引起的振动、倾斜、弯挠、破裂、崩溃等问题。所以中国古代建筑的结构与材料，除了少数例外，以木架为主，砖石为辅。而它的平面布局与外观式样，也就长期维持这一贯的独立系统。至鸦片战争以后，我国的政治、经济与文化已沦为半殖民地半封建的地位，社会上产生许多新的需要和新的要求，才迫使我们的建筑发生较大的变化。

另一方面，由于我国古代劳动人民的辛勤努力和善于利用气候、材料等自然条件，发展了木架系统的结构法。不但解决了当时人民的物质需要，并且在建筑艺术方面，不断推陈出新，创出了许多新式样和新作风，丰富了人民的精神生活，又创造了历史上许多规模宏巨、造型雄丽的城市和建筑物。它们都成为我国几千年来灿烂文化的一个重要组成部分，而且还波及朝鲜、日本、越南等邻国。中国的传统建筑不但对本国并且还对整个人类的历史文化都作出巨大贡献，这是值得我们引为光荣与骄傲的。

第五章

周代建筑

一、社会概况

周本为位于我国西部的一个诸侯小国。由于实行公田制度，解放了一部分奴隶，提高了农业生产力，所以国力渐强。后来联合了其他诸侯，推翻了商朝，建立了以宗族为本位的封建王权统治。至西周末年，周宣王已将公田改为什一而税的田赋制。东周进入铁器时期，农业、手工业、商业逐渐发展，出现了若干大城市。同时家族制度勃兴，土地可以自由买卖，于是产生了地主阶级，并使原来缚束在宗族封建制度下的农奴得到解脱，成为农民阶级。在这个重大的转变时期，社会的一切都向上发展，各阶层都出现了不少优秀人物，各种思想空前活跃，形成了春秋、战国期间诸子百家争鸣的文化高潮。在哲学、文学、军事学、医学、天文、历算、农田水利、工艺、美术等诸方面，都得到长足的进展。其中的政治思想家管仲、子产、商鞅，军事家孙武，哲学家孔丘、墨翟、李耳、庄周、孟轲、荀况、韩非和文学家屈原等，不仅对当时社会起了推进作用，还影响了其后两千多年的中国社会的各个方面。

战国时秦国首先采纳了商鞅的变法，建立起代表当时先进阶级——地主阶级利益的政权，在经济、政治、军事上，逐渐占据优势，并吞并六国，最后建立了统一的中央集权专制封建帝国，完成了中国历史发展过程中的一个伟大阶段。除政治影响外，秦朝对我国文字、度量衡、货币等方面的统一，也是极具有深远意义的。

二、城市建设

在建筑方面，周代的封建制度首先促进了城市的发展。西周建都于酆、镐，东周建都雒邑，现虽都已不存在，但据周末人所著《考工记》，帝都王城平面九里见方，每面开三门，城的四隅又建有角楼。王宫位于全城中央，它的南侧，左建太庙，右立社稷坛，宫后则置市，周旁为民居。整个城市布局不但采取整齐划一的对称形式，而且有了"面朝背市"的分区计划，较之殷商的城市更为进步，可见《三礼图》中的周王城（图5-1）。

西周初曾分封诸侯七十余国，各诸侯国又都分别建造了自己的都邑，因此发展了若干次要城市。现存山东曲阜鲁故城遗址（图5-2），是西周初年到西汉早期具有将近一千年历史的中型城市。它的平面大体呈东西较南北稍长的矩形，其宫殿基址恰好在城市中央，面对着南墙城门。而战国时期赵国的都城邯郸（图5-3）平面作正方形，宫殿故址亦在城市中央，可见《考工记》中有关周王城平面的描绘，亦可在周代某些城市中反映出来。而这个原则又影响了后代一些都

图 5-1 《三礼图》中的周王城

图 5-2 山东曲阜鲁故城遗址分布图

（《文物》1982.12）

城的建设，像元大都和明、清二代的北京就是依此设计的。由于种种原因，当时大多数城市则是按非对称和不规则形状发展的，例如齐国的临淄（图5-4）和燕国的下都（图5-5）等。

图5-3　河北邯郸赵王城平面图

图5-4　山东临淄齐故城实测图

图 5-5 河北易县燕下都

三、以宫室为本位的建筑

在封建社会中，统治阶级不惜大量人力、物力营建宫室。除了满足其生活需要外，还在于表现其政治上的无上权威，一如萧何为汉高祖刘邦建长安未央宫所说："天子以四海为家，非壮丽无以重威，且无令后世有以加也"。是以宫室自然居于建筑的领导地位。由于其建筑乃是集中了当时物质和技术上的精华，并运用了历代建筑所累积的优秀经验，所以又促进了建筑技术与艺术的进一步发展。

据记载，周代王宫的平面仍以中轴线为主，并采用左右对称布置原则。宫的正面入口建有双阙，四隅再建角楼。主体部分依"三朝五门"之制，即沿中轴线设置皋门、雉门、库门、应门、路门等宫门五座，以及大朝、常朝、日朝等供朝觐与处理政务的主要殿堂三座。

至于春秋时期士大夫住宅之平面（图 5-6），已知其入口为三间之门屋，中央为门，左、右有称为"塾"之室。门内有庭，庭后即为堂。堂又分中堂、序、夹、室、房等。

房屋的台基最初不高，但有等级区别。如《礼记》所谓"天子之堂九尺，诸侯七尺，大夫五尺，

图 5-6　《仪礼图》中士大夫住宅平面

士三尺"。及至战国时期，宫室盛行台榭建筑，像《后汉书》记载的赵国丛台，和现存燕下都武阳、张公、老姆诸台。除平面日趋复杂，其高度也都在 7 米以上，可见建筑物的规模也越来越大。建筑的层数由于木结构尚未解决结构技术问题，亦不可能太高。《礼记》称天子的宗庙用重檐，而据河南辉县出土的战国时期铜鉴残片，上已刻有 3 层建筑，且上部 2 层均设平座，屋顶则用四柱式样。

在装饰色彩方面，《春秋·穀梁传》中载："楹，天子丹，诸侯黝垩，大夫苍，士黈（即黄）"。但燕下都所出陶瓦，表面已刷朱色，制式一同天子。这些事实和记载，可以证明周代的建筑，原来因封建阶级而形成的种种区别，随着社会的发展，而逐渐成为"礼崩乐坏"的局面。

周代建筑中已出现斗拱，最早见于西周早期铜器"令殷"，其四足呈方形短柱形象，柱上置栌斗，再在两柱之间，于栌斗斗口内施横枋，枋上置二短柱，与栌斗共承上部版形之座（图 5-7）。此器制作年代上距周武王灭商仅二十余年，因此可以推断，至少在商代末期就已经使用栌斗了。

另《论语》有"山节藻棁"之载，此"节"，就是坐斗。而前述河南出土铜鉴及山西长治出土铜匜上，所刻建筑柱上均有斗拱之表现。另西周铜器兽足方鬲，已有版门、十字棂格之窗户及勾栏（图5-7）。俱为生动之建筑形象。

据《史记·秦始皇本纪》："秦每破诸侯，写放其宫室，作之咸阳北阪上。南临渭，自雍门以东，至泾、渭，殿屋、复道、周阁相属，所得诸侯美人、钟鼓以充入之"。可以推想战国末期各地建筑式样定有许多不同的作风。证以汉代斗拱式样的庞杂，《史记》所载的当是事实。

令殷   兽足方鬲

图5-7 西周青铜器中表现之建筑构件

四、建筑材料与施工

　　《诗经》中谓"中唐有甓",又谓"载弄之瓦",知至少在周代已有地砖和瓦。而经考古发掘,于河北易县燕下都宫殿故址中,发现陶质栏杆砖(图5-8)及排水管。又战国墓葬中出土之大块空心砖等实物(图5-9),均可证明此时陶质建筑构件,已在相当范围内使用。但房屋之结构系统,仍以木架为主要形式。由其木棺榫卯情况(图5-10),知当时木构已达到很高水平。

　　周代建筑房屋,用矩取方,用径求圆,用绳取直,用垂定正,用水定平。后人称为"五法",并予以沿袭不替,例见宋《营造法式》。至于决定房屋朝向,《诗经》中有"揆之以日"和《考工记》载"夜考之极星",表明已知利用太阳与北极星矣。

图5-8　燕下都出土栏杆砖拓片

图 5-9 战国空心砖纹样

漆棺兽环接合程序图

1. 清棺壁为梯形牝槽　　2. 另制同尺寸的梯形牝榫

3. 兽环　　4. 将牝榫骑在兽环背钉上　　5. 加甲楔及乙楔

6. 将兽环、牝榫及楔子一同纳入牝槽中，楔固涂漆

图 5-10 战国木椁榫卯

五、工官与著名匠师

据文献记载，周代职官中设有专管营建都邑与宫室的"司空"和担任实际工程工作的"匠人"。表明当时对皇室建筑的重视以及工程的浩繁。而上述职官的设立，也有利于建筑经验的总结与技术的提高。春秋时，鲁国的公输般（或称鲁班）是当时有名的匠师，为后代土木匠人尊奉为祖师。公输般能够发挥他的才能并以巧匠见称，除了他自身的条件，也与当时的社会向上发展有关。

六、建筑著作

《周礼·考工记》中有匠人一节，乃是世界上记述古代建筑与都市计划的已知最早文字记录。

第六章

秦、汉、三国建筑

一、社会概况

秦王嬴政于公元前 221 年消灭最后一个敌手齐国，结束了自春秋以来五百余年大小诸侯相互攻伐的纷乱局面，建立了我国第一个中央集权的封建王朝，并自称为"始皇帝"。中国历史从此进入了一个新的发展阶段。

秦王朝不但统一了全国的疆域，而且还统一了全国的政令、货币、文字、车制和度量衡，实现了中国亘古以来所未完成的伟业。然而对称为"黔首"的黎民和六国诸侯的残余反抗势力，在经济上进行残酷的剥削，在政治上进行严厉的镇压。对外则屯重兵于北疆以御匈奴，南略五岭以远之地直至于海。又大兴土木，建宫室，修长城，营山陵，开驰道，劳役频繁，百姓不堪其苦。而遣徐福率童男女入海求仙，聚销天下兵器以及焚书坑儒，更使宇内沸腾，怨声载道。于是陈胜、吴广揭竿一呼，各地群起响应，这个由苛法与暴力所支撑的政权，很快就被农民起义所推翻了。

覆亡秦的农民起义，后来转变为刘邦与项羽两大集团争夺天下的斗争，最终以前者的胜利和建立汉王朝而宣告结束。在中国封建社会中的改朝换代，大多通过农民战争，实现其政治地位和社会财富的再分配。汉王朝的建立，导致一批新权贵和新地主的出现。以后又发展成为以宗族为中心的地方豪强势力。铁工具的广泛使用和旧生产关系的破坏，使社会生产力得到发展。西汉帝国遏制匈奴的战争，经过长期努力取得了胜利，并开辟了通往西亚甚至欧洲的贸易之路。商队将华丽的丝绸和精致的瓷器贩卖到西方，带回来的是芬芳的香料和洁白的象牙。这时贸易的商品总额并不算多，可是由此却开辟了闻名世界的"丝绸之路"。若干年后，发源并广泛传播于印度次大陆的佛教，也经这条道路传到中国，并且在以后的许多世纪里，对中国的社会和文化产生了极为深刻的影响。

东汉献帝建安二十五年（公元 220 年），曹丕结束了两汉的四百年统治而建魏，都于许昌（后迁洛阳），奄有中原及以北地域。次年，自称汉胄宗室的刘备，也在成都称帝，国号蜀。而长期占据长江中下游的孙权，于公元 222 年另建政权，三都建业，两迁武昌，史称东吴。从此形成了三国鼎立、相互争雄的四十余年战乱时期。直至公元 280 年，东吴最后为西晋所灭，中国才重新获得短期的统一。三国时期由于战争连绵，生产衰落，加以国力有限与为时甚暂，在建设方面不可能形成重大的成就和突破。

秦、汉时期是中国古代社会一个重要的转折点，中国封建社会制度得到了完善与成熟，对中国有极大影响的佛教，也在此期传入中土。而春秋、战国时斗胜争鸣的诸子百家，于秦时已基本被罢黜。汉代帝王为巩固自身统治，极力倡儒尊孔。自西汉武帝任孔子十二世孙延年为五经博士伊始，儒学即被奉为国学。元帝赐孔子十三世孙孔霸关内侯，并食邑八百户为孔子常祀。

平帝初年，追谥孔子为褒成宣尼公，遂开历代帝王封谥孔子之首。又赐其十六世孙孔均褒成侯，食邑二千户。东汉亦援此例，裔传至献帝时方绝。儒学经两汉朝廷提倡，逐渐奠定了它在中国封建社会思想领域中的领导地位。

在战国已经流行的神仙方士和黄老之学，到汉代还具有不小的影响。原因之一是它对当时的希望永享荣华富贵而妄想长生不老的统治阶级，具有很大的吸引力。著名的西汉武帝刘彻就是一位神仙方士的笃信者。为了寻求仙人和长生不老之药，曾多次遣使四出探觅，并建筑楼台、宫观以候神人降临。自己也频频出巡，穷山历海，封禅祭祀，冀求与仙灵一遇，可是终其一生仍归泡影。

与此并存的还有五行、阴阳及谶纬之说。它们的起源颇为庞杂，与远古盛行的筮、占卜以及后来的庄老之学及《易经》等都有关联。它一方面是人们对自然与社会规律的抽象认识，另一方面则被用作判断世间事物吉凶、正逆的法则。因此也广泛施之于汉代的建筑活动中，举凡城池、宫室、宅邸、陵墓等无不受其影响。而流风所及，犹被及后世而至近代。

在艺术方面，由于汉代实物遗存不多，未得窥其全豹，仅能自若干雕刻、彩绘、铜器及陶器中略得一二。以石刻为例，武帝时骠骑将军霍去病墓前牛、虎、马与人物之刻画，均甚古拙，亦为现存最早之石象生。而东汉墓中所出画像砖、石，以及石墓门上所镌饕餮铺首与神怪人物，则日臻生动熟练。尤以画像砖、石中所表现之建筑及主人生活起居情状，甚为丰富逼真。说明当时石刻取材及表现手法，已有长足进步。彩绘则见于汉墓中壁画及棺椁、漆器等出土文物。壁画内容亦为墓主之起居、仪仗、出行、宴乐场面，色彩以红、黑、白为主。棺椁及髹漆器皿，大抵以黑、红为底，上施涡纹、夔纹、云纹或龙、凤、蟠螭纹样，对比鲜明，造型优美。实用铜器上多施几何图案，如三角纹、菱形纹、波纹、涡纹等。陶器亦有施彩绘者。陶砖、瓦上则以几何纹（蕨纹、回纹）为多，或冠以宫殿官署之名，或镌刻吉祥文字，种类为数亦复不少。

二、秦代建筑

秦始皇虽然建立了一个庞大的统一帝国，可是仅仅维持了十五年，就被汹涌的农民起义所冰消瓦解。但有秦一代，也曾进行过许多大规模的营建活动，由于遗物不存与史载欠详，至今尚无法明了其中底细。据《史记》所云，秦始皇曾大建宫室，其离宫、别馆位于关中者达三百所，而建于关外者更四百有余。就首都咸阳附近的两百里范围内，即有"宫观二百七十、复道、甬道相连、帷帐、钟鼓、美人充之"。其中自然也要包括因破诸侯，从而仿建于北阪之上的各国不同风格的宫室了。至于正规宫殿，则有建于始皇二十七年（公元前220年）的信宫。它位于渭水南岸，后来为象征天极，改名"极庙"。并由此作甬道，直达骊山下的甘泉宫前殿。更大规模的兴建，是始皇三十五年（公元前212年）于渭南上林苑中所营的朝宫。其前殿名阿房，"东西五百步，南北五十丈，上可坐万人，下可建五丈旗。周驰为阁道，自殿下直抵南山。表南山之巅以为阙。为复道自阿房渡渭，属之咸阳，以象天极，阁道绝汉抵营室也。"具见《史记·秦始皇本纪》。以上虽仅寥寥数十字，亦可见其规模之宏巨。而建造时征调工匠、刑徒数十万人。伐北山之石，采蜀荆之材，输送劳作，天下大扰。然终始皇之世，犹未竟功，至二世时尚继续进行。最后则毁于项羽一炬，化为焦土，甚可惋惜。

与阿房宫同时大兴土木的另一工程，是秦始皇的骊山陵（图6-1）。它在始皇即位后已开始建造，至二十六年兼并天下以后，因各地送来大批囚徒罪犯，建陵人总数竟达七十余万。据记载，其墓室深下，并铸铜为椁；又于地面凿江河大海，实以水银，设机关使之流动；墓顶绘星辰、日月，以收"上具天文，下具地理"之功效。殉葬物品包括各种珍奇瑰宝以及宫室模型。又殉以众多的宫人与建墓的工匠。墓上覆土形成丘岗，再种植草木使似天然山阜。根据调查，始皇陵周围有矩形平面之陵墙二重，内垣中央尚保存一座残高40余米、边长350米的方形覆斗状土丘。虽其他地面建筑均已无存，但就此陵的规模与范围而言，仍不失为我国已知之最巨者。

为了抗御北方匈奴的入侵，秦始皇派遣将军蒙恬率兵三十万出塞，大军直抵阴山高阙，并筑边城、亭障屯守。又连接旧日秦、燕、赵等国北疆边城，自辽东迄于河西，蜿蜒横亘一万余里，成为我国古代最巨大雄伟的建筑工程和中华民族辉煌历史的见证。

基于皇帝出巡、军事运输和传递驿报的需要，秦代曾在全国范围内修筑驰道。道宽五十步，道侧每隔三丈植一行道树。又"厚筑其外，隐以金椎，树以青松"。果如所言，则全国所耗之人力、物力，亦极可观。

此外，秦巴蜀太守李冰开凿离堆，筑渠引水至成都，灌溉两岸农田无数，又具舟楫之利，至今犹为民间所称颂。而引泾水入洛、长三百余里的郑国渠，亦是秦时变关中为沃野的另一重要水利工程。

北

0 100　　　500m

图6-1　陕西临潼秦始皇骊山陵

三、汉代建筑

（一）宫殿

秦末的农民起义及其后的楚汉之争，虽然使旧有的生产关系得到重大调整，但对各地城市和建筑的破坏十分严重。昔日繁华的秦都咸阳及其内、外的宫观、楼台，因项羽引兵焚掠而化为乌有。如此彻底的破坏，使得后来登上帝位的刘邦无法再在秦咸阳的废墟上，重建他的宫殿和都邑。据说是经过了萧何的相土尝水，才在战火破坏较少的渭水南岸台地上，选择了一处秦代离宫兴乐宫作为基址，建造了西汉王朝的第一座宫殿——长乐宫。此宫周围二十里，成于高祖七年（公元前200年）二月，刘邦即率群臣由雒阳迁往长安。次年，萧何又营建了第二座宫殿——未央宫。它位于长乐宫以西一里，周围二十八里，有北阙、东阙和前殿等。当时天下方定，经济凋敝，民不聊生，叛乱与战争还时有发生，因此刘邦以此宫室奢华、宏伟过度而假责萧何。而后者以"天子以四海为家，非壮丽无以重威，且无令后世有以加也"的话来应对，这正中刘邦的下怀，因此也就假惺惺地转怒为喜而不予追究了。此宫成于高祖九年，后来一直是西汉诸帝施政和居住的主要所在。而长乐宫则划归太后居住。第三所宫殿是位于未央宫北面东端的北宫，始建于高祖而增修于武帝，面积较小，用以奉居太子。武帝时感到城内仄狭，于是在长安城西垣外另建建章宫，与御苑上林苑相接。此宫初建于太初元年（公元前104年）二月，周围二十余里。东置高二十余丈之凤阙，北建高度相若之渐台，宫中楼观、台阁不可胜数，故有"度为千门万户"的记载。亦设前殿，其高度与未央宫等。其他宫殿尚有明光宫，位于长乐宫北，建于武帝太初四年（公元前101年）。又有桂宫，位于未央宫北侧西端，北宫之西。成帝为太子时居，哀帝、平帝时以置太后。

至于离宫、别馆，汉仍承秦制，数量既多，分布亦广。其中一部为沿用或改筑秦代之旧有者，如宜春宫、兰池宫、棫阳宫、萯阳宫、长杨宫、梁山宫、回中宫等。其余建于汉代者，又以武帝时所构者居多，如宣曲、鼎胡、云阳、钩弋、首山、思子、宣防、御宿、万岁、扶荔、集灵、昆吾等宫，均见于《汉书》与《三辅黄图》等文献，而实际数字当若干倍于此。另有相当数量的宫殿用作神祠，如甘泉宫、交门宫、寿宫、神仙宫等。

西汉都长安，其主要宫殿是未央宫。自高祖刘邦建置以后，皇帝操持政务及大多数的重要政治活动都在此宫进行。而惠帝、高后与景、昭、宣、元、成、哀、平诸帝均崩于是宫。其朝会建筑称前殿与东、西厢，三者沿东西轴线作横向排列，与前所述周代大、常、日朝沿南北纵轴排列截然不同。这种布局，对西晋迄南北朝宫殿影响甚大。未央宫内供皇帝、后妃起居作息的殿堂甚多，已知有承明、广明、宣德、曲台、寿安、寿成、东明、玉堂、永延、飞雨、昭阳、椒房、高门等殿。又有专司供奉、储藏与管理职能的建筑，例如织室（奉宗庙衣服）、凌室（为深窨以藏冰）、温室、非常室、蚕室等。

西汉长安城内，就有长乐、未央、桂、北、明光等宫殿五区，城外则有建章宫。宫殿密度之大，为其他朝代所罕见。而东都洛阳（后为东汉首都）城内亦有南、北二宫。这种在都城内集中若干组宫殿，而彼此又相对独立的格局，似为汉代所独有*。而宫殿之间，又使用阁道相连，有的甚至跨越城垣，如未央宫与建章宫间之例。

（二）城市

西汉长安宫殿始建于高祖刘邦，但长安城垣却建于惠帝元年（公元前194年）正月至五年九月。这种先建宫殿而后建都城的方式，在我国古代甚为少见，以致城垣因长乐、未央二宫已建的既成事实，而不得不采取不规则的曲折平面。据《三辅黄图》："（长安城）高三丈五尺，下阔一丈五尺，上阔九尺，雉高三坂，周回六十五里。城南为南斗形，城北为北斗形"。城设城门十二（图6-2），每面三门。若依顺时针方向，其北墙三门依次为横门、厨城门、洛城门；东墙为宣平门、清明门、霸城门；南墙为覆盎门、安门、西安门；西墙为章城门、直城门、雍门。其中横门为渡渭水北上的交通孔道，宣平门为前往东都洛阳的必由之路，而安门则是通至城南郊祭祀场所的主要通道。

根据考古实测，汉长安城垣周长约25.73公里（合汉里62里），全由夯土筑成，城垣最厚处达16米。城每面三门，每门设三门道，各宽8米，可容四车并行。文献记载门上曾建有城楼。城内街道走向南北或东西，作十字或丁字相交。已发掘之八条道路，均与城门直通，其中以南北向的安门大街为最长，达5.5公里。此街宽50米，中央20米为专供皇帝使用的驰道，二侧掘沟，沟外各有宽13米之次要道路，供一般官民往来。依《汉旧仪》："长安城中，经纬各长三十二里十八步，地九百二十七顷。八街、九陌、三宫、九府、三庙、十二门、九市、十六桥。水泉深二十余丈。……城下有池周绕，广三丈，深二丈，石桥各六丈，与街相直"。其中某些记载是与考古发现一致的，有的尚待进一步证实。从各文献中得知的街道名称，有章台、华阳、槀、太常、城门、尚冠、夕阴、香室等。

长安城区西北端建有九市。六市在未央宫北阙至横门大道之西，合称西市，建于惠帝六年。三市在大道之东，称为东市。后来城西昆明池南又设柳市。王莽时，安门南增置会市。皆不在上述九市之内。

居民有闾里一百六十。以长安城内宫殿、官署之密集，估计大部闾里系位于城外。闾里名

---

* [整理者注] 据发掘资料，河南偃师商城（可能即史载之亳都）城内已发现独立之宫室三区。

图 6-2　汉长安城遗址平面

50

称见于文记的，有尚冠、修城、黄棘、宣明、建阳、昌阴、北焕、南平、大昌等。

祭祀建筑如明堂、辟雍、太庙等，均置长安南郊。据已发掘之大型建筑遗址，其轴线作十字相交状。最外有环形水道，内建方形围墙，中央部分构夯土筑之台基，周旁并有柱础及铺地痕迹，估计是西汉末年的明堂辟雍所在（图 6-3、6-4）。其格局系按我国古代"天圆地方"之说部署，也是此种类型建筑在国内最早发现的实例。

洛阳在西汉称东都，是仅次于长安的陪都，至东汉才取代长安，而成为当时的政治中心。它南临洛水，又有谷水支流自西往东穿城而过，将市内划分为南、北两部。此城平面亦不甚规整，现有残迹已不能充分描绘其原来面貌与形状。根据文献记载，汉代洛阳亦有城门十二（每门亦是三门道）。自北墙西端依顺时针方向，为夏门、谷门；东墙为上东门、中东门、耗门；南墙为开阳门、平城门、小苑门、津门；西墙为广阳门、雍门、上西门。城内主要道路二十四条，亦纵横交错，已知有长寿街、万岁街、士马街等。重要通衢亦由并行之三条道路组成，中为驰道，两侧为一般道路，一若长安之制。

图 6-3　汉长安南郊礼制建筑遗址平面

51

图6-4　汉长安南郊礼制建筑复原想象图鸟瞰

　　宫殿位于东都之西北，分为南宫与北宫二区，对峙于谷水支流两岸，其间以道桥相连。依《汉典职仪》载："南宫至北宫，中央作大屋，复道三道行。天子从中道，从官夹左右，十步一卫。两宫相去七里"。由此可知其间距离及交通情况，但所谓的"中央作大屋"，系谷水上作廊桥抑或驰道上建廊屋，尚未得悉其详。又据《史记·高祖本纪》，刘邦击灭项羽后，以秦咸阳已残破，先都于洛阳，并于南宫置酒大飨群臣。而《汉书·高帝纪》亦载六年刘邦居南宫，自复道见诸将耦语事。俱表明此宫当时尚保持相当完整，绝非短期间内所能建成者，故为秦代之遗构殆无疑义矣。后汉光武初定天下，即居南宫。建武十四年（公元38年）修此宫前殿，是为大朝所在，而日后光武亦崩于此。北宫始建于明帝永平三年（公元60年），成于八年十月。由二宫之使用及兴建，可知南宫之地位实高于北宫。虽北宫德阳殿一度成为大朝，但东汉诸帝之主要活动仍在南宫之内。

　　邺城是汉末曹操封魏公时的采邑，城在今日河南省安阳东北。据发掘知，此城平面（图6-5）作矩形，东西约3000米，南北约2160米。有城门七处（南墙三，北墙二，东、西各一），主城门为南垣中央之中阳门。城内划分井然有序，显然是经过事先精心规划而后实施的，较两汉长安、洛阳更进一步。

　　此城以横亘东西的大道，将全城划为南、北二区。北区中央为宫殿所在，宫东置王室亲族

图 6-5　曹魏邺城平面想象图（实线表示现存遗址）

所居之戚里，宫西建仓库及苑囿铜雀园。又于城市西垣北端，依墙建冰井、铜雀、金虎三台。均周以廊屋，联以阁道，又虚其内以贮粮食、器械。三台平时供游观，战时可据以瞭望、守备。城南区划为若干整齐街坊，面向宫殿之大道则布置官司衙署。都城中这种将宫殿、官署集中于一区的方式，对后代帝都（如隋大兴城）的布局，产生很大影响。

（三）苑囿、园林

两汉之皇家苑囿虽多，然就其规模宏大与宫观众多而言，未有能出上林苑之右者。此苑位于长安城西南郊，其北端与建章宫相接，始辟于秦代，至西汉武帝建元三年（公元前 138 年）又予以大肆宏扩。班固《两都赋》中记载："林麓薮泽陂池，连乎蜀汉。缭以周墙，四百余里。离宫别馆，三十六所。神池灵沼，往往而在……"《三辅黄图》又作了补充："……上林（苑）有建章、承光等一十一宫，平乐、茧观等二十五，凡三十六所"。而此苑之馆观另见于《汉书》等文献的，尚有当路、涿沐、碻氏、阳禄、上兰、豫章等。苑中有巨泊，称昆明池。此池开凿于武帝元狩三年（公元前 120 年），其水面辽阔，远胜于建章宫之太液池。又将穿池所出土石，用以叠山，高二十余丈。周旁楼台、堂殿，不可胜数。而汉代文士记述此苑者，亦颇不乏人。如扬雄《羽猎赋》即称："……武帝广开上林，东南至宜春、鼎湖、御宿、昆吾，傍南山，西

53

至长杨、五柞，北绕黄山，滨渭而东，周袤数百里。穿昆明池，象滇河。营建章、凤阙、神明、馺娑、渐台、泰液，象海水周流，方丈、瀛州、蓬莱，游观佽靡，穷妙极丽……"而张衡《西京赋》亦谓"上林禁苑，跨谷弥阜，东至鼎湖，邪界细柳，掩长杨而联五柞，绕黄山而款牛首，缭垣绵联，四百余里……乃有昆明灵沼，黑水玄址，周以金堤，树以柳杞。豫章珍馆，揭焉中峙，牵牛立其左，织女处其右"据此观之，上林苑已远超过一般苑囿的范围，它实际上是罗纳了汉代关中的众多离宫、别苑，其中并包括建章宫在内。帝王们为了满足自己的享乐欲望，恣意圈占大量土地，用以营建离宫、苑囿，而置黎民百姓生死饥寒于不顾。是以东方朔有《谏除上林苑》之奏，其中有："（南）山出玉石、金、银、铜、铁、豫章、檀、柘，异类之物，不可胜原，此百工所取给，万民所仰足也。又有粳、稻、梨、栗、桑、麻、竹箭之饶，土宜姜、芋，水多蛙、鱼，贫者得以人给家足，无饥寒之忧。故鄠、镐之间，号为土膏，其贾亩一金。今规以为苑，绝陂池水泽之利，而取民膏腴之地，上乏国家之用，下夺农桑之业"等语，辞意恳切，然终不为武帝所采纳。

两汉皇家苑囿之建设，以武帝时为最盛。以后新建者不多，旧苑因久废失修或裁以赋民，数量所有减削。但大苑如上林、广成者，仍保留以供帝王射猎游幸。

两汉宗室、达官及大贾、富人亦多建园林自娱。西汉文帝次子刘广封梁孝王，所筑东苑方三百余里，广逾睢州城七十里，规模十分宏大。《西京杂记》载："梁孝王好营宫室、苑囿之乐……筑兔园。园中有百灵山，山有肤寸石、落猿崖、栖龙岫。又有雁池，池间有鹤洲、凫渚。其诸宫观相连，延亘数十里。奇果异树、瑰禽怪兽毕备。王日与宫人、宾客弋钓其中"。又"孝王游于忘忧之馆，集诸游士各使为赋"，由诸赋中知园中有沙洲、兰渚，并植柳、槐，所畜禽兽有鵁鶄、鹤、鹿等。东汉大将军梁冀"广开园囿，采土筑山，十里九坂，以象二崤*。深林绝涧，有若自然。奇禽驯兽，飞走其间……又多拓林苑，禁同王家。西至弘农，东界荥阳，南极鲁阳，北达河淇。包含山薮，远带丘荒，周旋封域，殆将千里。又起菟苑于河南城西，经亘数十里。发属县卒徒，缮修楼观，数年乃成"。又西汉茂陵富人袁广汉，"于北邙山下筑园，东西四里，南北五里。激流水注其内，构石为山，高十余丈，连延数里。养白鹦鹉、紫鸳鸯、牦牛、青兕、奇禽怪兽委积其间。积沙为洲屿，激水为波潮，其中致江鸥、海鹤，孕雏产鷇，延蔓林地。奇树异草，靡不具植。屋皆徘徊连属，重阁修廊，行之移晷，不能遍也"。由上三例，可知此类园林之面积均甚为辽阔，其广袤可自数十里乃至数百里。而择址亦在有陂岗峦阜、茂草深树与曲沼流水之处，即着眼于以自然风景为主。其经人为增添或改造者，如构筑之土石山丘，引注之溪涧湖泊，以及栖息其间的飞禽走兽，也都寓意于造就更多的自然气息。以与园中另一重要组成部分——楼堂参差，廊阁周围的建筑群，形成十分鲜明的对比。

---

*[整理者注] 二崤山在河南省洛宁县西北。

（四）住宅

对于此时期的住宅情况，仅能自汉代遗留的画像砖、画像石、建筑明器及少量文献记载中知悉，其形式和种类已相当繁多（图6-6）。

小型住宅多为矩形或折尺形平面，有的围以院墙，以形成住宅之庭院。沿墙或设置猪圈等附属建筑。主体建筑一般一层，亦有局部二层者。屋顶多采用两坡之悬山或单坡。建筑结构表现为木梁架式或干阑式，有的柱头还施斗拱，柱间额上用短柱，这大概是最早的补间铺作形式。窗有直棂、斜方格等式样。屋面表示铺瓦，正脊两端且翘起，四坡顶之戗脊端部亦有此种表现。

较大之住宅多由几个庭院组成。四川修建成渝铁路时，发现一块刻有住宅透视图的画像砖（图6-7），可为此类建筑的重要代表。该住宅周以围墙，全宅又由中部之内墙划分为左、右两部分；左部前置版门结构之大门，入门为前院，再经内门可至后院。此二院均绕以木构之回廊。后院有木柱、梁结构的三开间厅堂（但当心间柱可能为石制），似为该宅之主要建筑。右部前端为厨房，院中有水井。后部为一较大庭院，中矗立一高3层之木构塔楼建筑，平面方形，上覆单檐四坡顶，檐下有一斗三升斗拱，角部另施弯曲斜撑。塔楼底层门内置有木梯，此层与二层墙面均不开窗。估计此楼乃供主人危急时避难之用(曲阜孔府中亦有类似之塔楼，称"避难楼"，但壁体已用砖砌)。汉代有的较大住宅之门屋为二层建筑，或用单层三间，两侧施夹屋或廊屋。也有的在入口处设双阙的，其等级当较前者为高，均见于画像石。

更大的住宅可称为坞堡（图6-8），平面亦为方形或矩形，四壁垣以高墙，坞壁下层均不开窗，仅辟大门一处，门上置有门楼。坞堡四隅建角楼，其间往往联以阁道。庭院中央为主体建筑，有时建一塔楼。

随居住建筑同时出现的，还有粮仓、井亭、猪圈、羊舍等。另有多层之望楼（图6-9），其平面呈方形。有的还置于表示水池的圆（或方）盘内。此类建筑多具腰檐、平座，其下常施斗拱。楼上或置手执弓弩的射手。

图 6-6　汉明器中表现之建筑形象

图 6-7　四川成都出土东汉住宅画像砖

坞堡

（坞堡内的房屋）

广东广州汉墓明器

图 6-8　汉墓出土明器中的坞堡建筑

图6-9　汉望楼明器（山东高唐汉墓明器）

（五）陵墓

汉代帝王大多在即位后即建营葬地，或称寿陵，以与日后取得谥号之陵园有别。

西汉帝陵大多分布在长安之渭水北岸（图6-10），规制仍沿秦法。墓上封土为截去顶部的方锥形"方上"；其下之棺椁与黄肠题凑等纳于墓圹部分，称为"方中"。"方上"之外，建平面为方形之墓垣，四面中央辟司马门，南司马门外置有石象生之神道。陵设寝殿、便殿司祭祀，又有管理之官署及守护之军营，其外再绕以陵墙。陵附近有达官、贵族的陪葬墓，以及由全国各地迁来的豪富所形成的陵邑。陵邑制始于高祖刘邦之长陵，后来惠帝刘盈的安陵、景帝刘启的阳陵、武帝刘彻的茂陵和昭帝刘弗陵的平陵都仿此，号称五陵邑。各有陵户人口数万，形成了京师长安周围的五个"卫星城"。元帝以后至东汉诸帝，皆不复用此。

图 6-10　　西安附近秦、汉、唐重要建筑及遗迹分布图

　　东汉都洛阳，帝陵多依北邙山，各陵范围及"方上"高度、体积，俱不逮西汉远甚。史载两汉诸陵园，经赤眉与董卓两次焚掘，以致庐墓荡然，筑构平毁，遂使后人无从考其究竟。

　　汉代墓葬，就其结构与材料言，可分为：木椁墓、空心砖墓、石梁板墓、崖墓与砖券墓数种。

　　木椁墓盛行于西汉（图 6-11）。实际上是自商殷以降所流行的木椁葬式的继续与演变。由方形断面的木材所叠累的井干式木椁，在大墓中常构成椁室数重，以区别主、次墓室。小墓中则仅木椁一层，其中另以木板分隔为棺椁室、头箱、边箱等。木材多使用柏木，棺具内、外髹漆，椁外使用白膏泥、木炭或砂，以达到防腐、防水和防盗的目的。

　　使用大块陶质空心砖作墓室，虽在战国时已有先例，但西汉洛阳一带仍相当流行（图 6-12）。其砖长度约 1 米，宽 0.5 米，厚 0.2 米，表面模印几何花纹。形状以矩形板状的为最多，亦有

图 6-11 　西汉木椁墓

方条形和梯形的，少数尚有企口。而墓室结构也由简单的梁板式逐渐变化为折线的拱形。

　　砾石为柱、板、梁，并用之以构成墓室的实例，常见于山东、河南与江苏的北部。其中山东沂南的汉画像石墓（图 6-13），更可作为此类墓室的代表。在平面上它由前、后、中及两侧的十个石窟组成，而以中央部分的前室、中室与左后棺室与右后棺室为主体。入口设并列的二门，门柱与门楣上均为石刻浮雕。前室与中室中央各建一八角形独立的"都柱"，柱头上都置斗拱，尤以中室柱上的一斗二升附龙首翼身者最为华丽特出。此墓地面铺石板，墙体砌石条，而墓顶则用石条砌出八角形与套方藻井，甚为简洁明快。此类石墓，常于壁面置刻绘有神话、鬼怪或墓主起居、宴乐、出行等图形之画像石。其中且有建筑形象，亦可供吾人作间接之参考。

　　凿山为石窟以营墓，现见于四川彭山、乐山诸地者（图 6-14、图 6-15），均属东汉时期。或于入口凿享堂及供奉牌位之龛，再于龛侧开甬道深入崖内。而棺室则置于甬道尽端之旁侧。或入口处不设享堂与龛，径凿双阙以作标志，入内即为甬道及其棺室。见于乐山崖墓之享堂、龛及阙，其表面均隐出木构建筑之形象，如倚柱、梁头、阑额、地栿、腰枋、立旌以及板瓦、筒瓦等。

板梁式空心砖墓
河南洛阳

斜撑板梁式空心砖墓
河南洛阳

折线楔形空心砖墓
河南洛阳

折线楔形空心砖墓
四川新繁

折线楔彤企口空心砖墓
四川成都

半圆弧形小砖券墓
四川德阳

由空心砖到砖券穹隆的演变

穹隆顶小砖墓　河南洛阳

图 6-12　战国、西汉空心砖墓及砖券墓

图 6-13　山东沂南汉画像石墓

图 6-14 四川彭山江口镇汉崖墓

图 6-15 四川乐山白崖东汉崖墓

　　以小砖砌造墓壁及券顶之墓室，始见于西汉末而盛行于东汉。一般是多室墓，其平面也往往采取不对称形状。这是因为小砖的应用十分灵活，可根据具体需要机动调整各墓室的位置与面积。室内墙面亦常饰以壁画或嵌入画像砖、石。而小砖表面也多模印各种几何图案、动植物纹样或吉祥文字等。这对以后魏、晋、南北朝的墓室，也产生了相当大的影响。

　　汉代墓前常树以阙，分峙于神道入口之两侧。其制式可依天子、贵族、官吏之等第分为三出、双出与单出阙三类。由文献及画像砖（图6-16）、画像石与实物，知阙之构材有木、土、石多种。而今日所遗留之实物，均属于石构者。其所在地域为北至河北，东迄山东、河南，西及四川，而尤以四川、西康东部为多。阙之知名者如河南登封汉少室祠阙（图6-17），四川渠县汉沈府君墓阙（图6-18）、冯焕墓阙，但内中最华丽者，乃雅安之高颐墓阙（图6-19）。此阙建于东汉献帝建安十四年（公元209年），虽时代居已知诸阙中最晚，但其造型之雄丽与雕刻之华美，又当居其中翘首。此阙为双出阙，即于母阙之外侧附建一子阙。阙下构台座，阙身隐出倚柱，柱上置栌斗，承托梁、枋及一斗二升斗拱与屋顶。屋顶作平缓四坡形，檐下施收分之圆椽，檐上置板瓦及筒瓦，最上为两端翘起之正脊。整个比例适当，所雕刻之人物、鬼神、异兽等，均极精巧生动，实为汉代石刻中之上品。其他遗物如四川渠县之冯焕墓阙，建于东汉安帝建光元年（公元121年）；同县之沈府君墓阙，建于安帝延光年间（公元122—125年）；绵阳之平阳府君墓阙，建于献帝初平年间（公元190—193年），都是已知汉阙中的杰作。

　　入阙后即为神道，两侧置石羊、石虎等象生。现知此类石砑动物最早使用于西汉霍去病墓（图6-20），唯形象古朴，且其排列亦不若后世之有一定规制也。

　　象生之后，建为享堂。现存实物仅山东肥城孝堂山汉郭氏石祠一处（图6-21）。此祠石建，平面矩形，面阔二间，单檐悬山顶。正面中央石柱为八棱形，上置一大栌斗，柱下石础亦同此式。此室除正面外，其余三面均为封闭墙体。室内后侧置一神龛。屋顶刻出瓦垄及筒瓦，近两山处刻排山瓦。石屋正脊作叠瓦式，至二端稍起翘。其他石室类乎此者，如嘉祥之武梁祠及金乡之朱鲔墓室，皆已破毁不堪，故未克引以为据。

图 6-16　四川成都汉画像砖中门阙形象

图 6-17　河南登封汉少室祠阙

侧面　　　　　　　　　　　　正面

图 6-18　四川渠县汉沈府君墓阙

侧面　　　　　　　　　　　　正面

0　　1　　2m

图 6-19　四川雅安汉高颐墓阙

图 6-20　陕西兴平西汉霍去病墓石象生

剖面　　　　　　　　　　　　立面

透视

0　　　　1m

后代所立石
板及八角柱

平面

图 6-21　山东肥城孝堂山汉郭氏石祠

（六）佛教建筑

佛教正式传入中国，史载是东汉明帝遣使赴西域，迎来中天竺僧竺法兰、摄摩腾还至洛阳。次年创白马寺，是为我国兴建佛寺之始。然记载甚略，未悉其详。

东汉末，丹阳人笮融在徐州建浮屠祠。依《后汉书》等文献，知主体建筑为"上累金槃，下为重楼"的塔式建筑，其四周且绕以殿屋回廊，内、外可容三千余人。又塔内供奉身着彩衣的镀金铜像。由此可知此寺平面为以塔为中心的"塔院式"布局，并已供奉铜佛。虽我国隋以前的佛寺未有存者，然方之朝鲜、日本，尚有相当我国南北朝时期之佛教寺院建筑。其与笮融所建浮屠祠甚为接近，可证上述文字记载之非谬。且当时释教初至中土，经典均自外来，沙门亦皆番僧而无国人。是以寺院制度，纯系抄袭天竺或西域者。而建筑本身，则因材料、结构的差异，不得不权予变通而采中国的固有形式。

考我国佛塔之由来，实渊源于印度。佛教创始人乔达摩·悉达多（后为弟子尊称为释迦牟尼）逝世后，其所遗骨灰分葬各地，并建塔以供信徒瞻仰膜拜。其位于山基（Sanchi）者至今犹存。此类塔印度称 stupa，汉译为塔婆或窣堵坡，系由印度传统之坟丘变化而来。其下为基台，台上建圆形之"覆钵"，顶置藏骨灰舍利之"宝匣"，最上为多重之相轮。墓外且环以石栏，又为门四出，门楣、柱上均饰以雕刻。另一类佛陀塔出现较迟，平面为方形，但形体高大，可划分为若干层，每层具佛龛若干。至顶置一缩小之 stupa。此类佛塔对我国密檐塔影响不小。第三种塔称为支提或制多（chaitya），为平面方形或圆形之单层塔，顶部覆以 stupa，是为我国日后之单层佛塔与墓塔之前驱。

就汉代资料来看，以上三种印式佛塔与徐州浮屠祠中所描绘的甚有距离。非但形制迥异，其结构材料亦不相同。笔者以为此与我国当时的建筑技术条件以及传统文化有关。

（七）建筑技术与艺术

随着建筑体量与高度的增加，对于木架构的结构系统，也提出了新的要求，斗拱就是其中的一项。由于出檐的伸长与平座的增加，斗拱的功能与外观都需要得到改进。汉代斗拱构造与形式的众多，说明当时正处于一个"百花齐放"的发展阶段。

建筑的屋顶，除了四注、悬山、囤顶、单坡以外，还有叠落式的两坡顶和两递式的四注顶。正脊两端及筒瓦瓦当亦有诸多变化。有的建筑还在脊中央施用脊饰，例如汉宫门阙之上，就有用铜凤凰的。

屋面本身的断面，也由直线改为曲线，故有"反宇向阳"的说法。它除了可使冬季日光更深地射入室内，又能使屋面落水较远地排离台基。在外观上，则消除了直线屋面所产生的单调与生硬，并使得屋角因此形成起翘，进一步美化了建筑的形象。

瓦与地砖已普遍使用于地面建筑。但空心砖与小砖则主要施之于墓室。后者除砌造墓室墙体及铺砌地面外，还用于顶部之筒券与穹隆。它们是否由国外传来？学界议论纷纷，尚无定论。

在建筑装饰方面，特别是在宫廷中，使用了多种不同的材料，以突出它们在质量和色彩上的特点和对比。例如在后妃居住的庭院地面上涂以丹朱，殿堂地面则髹以黑漆；窗扉中饰琐纹而边框涂之以青。建筑之台基、踏道和柱础都用白石或纹石砌造，有的还另包镀金的铜板。墙壁面或绘以云气、花木、仙灵与圣贤人物，或用饰有明珠、翠羽的金釭壁带，再悬以锦绣帷帐，垂以珠玑幕帘，其富丽堂皇与斑斓华灿景象，当可想象。

四、三国建筑

三国时期建筑因政治、经济等种种原因，仅可谓是汉代衰退之尾声。三国之中，以曹魏建树稍多，东吴次之，蜀汉则鲜有可书者。

曹操为魏公时原都邺城，文帝曹丕都许昌，后又迁洛阳。遂以此三地与长安、谯并为五都，而以洛阳为京师。黄初元年（公元 220 年）十二月营洛阳宫。时洛阳残破，文帝依居北宫，殿堂仅建始、承明、嘉福等。明帝青龙三年（公元 235 年）始于旧汉南宫等处大起宫室，营太极、昭阳等殿。又筑高十余丈之总章观，上立翔凤。其后宫则分为八坊，以才人等实之。推测当时曹魏洛阳宫殿，尚循汉代南、北两宫之制。其余如许昌，亦起景福、承光等殿。

至于苑囿，除魏武帝曾于邺城筑三台外，文帝黄初三年穿灵芝池，七年筑九华台，皆见于帝纪。明帝青龙三年大治洛阳宫时，曾"于芳林园中起陂池，楫櫂越歌……通引谷水过九龙殿前，为玉井绮栏，蟾蜍含受，神龙吐出。使博士马均作司南车，水转百戏。岁首建巨兽，鱼龙曼延，弄马倒骑，备如汉西京之制"[1]。建芳林园西北土山时，"使公卿群僚皆负土成山，树松、竹、杂木、善草于其上，捕山禽杂兽置其中"。及齐王芳正始年间，又建芙蓉殿、广望观、凌云台、宣曲观等，以为嬉戏游乐之所，而芳终以沉湎声色废黜。

吴主孙权初都京口，后至武昌。黄龙元年（公元 229 年）四月称帝，九月即迁都建业。据记载都城北临玄武湖，南距秦淮河五里，东至平岗，西抵石头城，周围二十里十九步。都城南墙正门宣阳门，南至秦淮又设大航门，盖有浮航渡水也。赤乌十年（公元 247 年），孙权以迁都以来所居南宫"材柱率细，皆以腐朽，常恐损坏"，乃新作太初宫。此宫"周回五百丈，作八门"。南垣五门名公车、升贤、明阳、左掖、右掖，东垣一门苍龙，西垣一门白虎，北垣一门玄武。宫后置苑城，即后日东晋之台城所在。孙皓宝鼎二年（公元 267 年）六月，起昭明宫于太初宫之东，作时"二千石以下，皆自入山督摄伐木。又破坏诸营，大开园囿，起土山楼观，穷极伎巧。功役之费，以亿万计"[2]。

至于佛教建筑，史载为数不多，仅知吴主孙权于建业起建初寺，后又建阿育王塔，是为江南梵刹浮屠的最早记录。

---

1 《三国志·魏书·文帝纪》之纪引《魏洛》。
2 《三国志·吴书·孙皓传》之传引《江表传》。

第七章

两晋、南北朝建筑

一、社会概况

西晋于公元 280 年一统中国，但内部统治阶级上层分子斗争日趋激烈。仅十余年即爆发了"八王之乱"。诸王勒兵互攻，战乱延蔓，致使国力大衰。而地处边陲的匈奴、鲜卑、羯、氐、羌等民族遂乘机进入中原，先后建立割据政权，史称"五胡十六国"。公元 317 年西晋覆灭。同年东晋南迁，后于公元 420 年为刘宋取代。北魏则于公元 460 年统一了中原及以北地域，于是形成了以后百余年的南北对峙局面。

两晋至南北朝的三百余年，是我国历史上最混乱的时期。由于政权的迭变与战争的频繁，使社会生产遭受到极大破坏，此时中国整个经济已处于停滞与衰退状态。特别是中原一带受害最烈，兵火之余，赤地千里，城乡残破，民不聊生。甚至发生人竞相食的悲惨景象。而南方战祸相对较少，加以中原人口大量南迁，带来了先进的生产手段和文化，从而对江南地区的发展起了促进作用，并使得在这一历史阶段中，南方的经济与文化状况基本都超过了北方。

当时社会的激烈动荡与长期不安，使一般民众生活至感痛苦，作为统治阶级的帝王将相也常朝不保夕。为了在精神上摆脱困境和追求寄托，就纷纷皈依宗教。因此宣扬善恶报应、轮回转世、慈悲宽容、听由天命的佛教，就为平民大众所信仰与统治阶级所推崇，从而得到极为迅速的发展，并在不长时期内，跃居为国内诸教之首。

士大夫中的庄老之学和清谈此时亦十分盛行。若干士人以不愿随流浊世，而提倡清高野逸或佯狂放纵，如陶渊明、竹林七贤等。而此辈的诗文、书画，也对社会文化乃至建筑，都产生了一定的影响。

这时期又是我国各民族大交融时期。北方的匈奴等民族进入中原后，带来了本民族的文化传统，同时又吸收了较进步的汉族文化。例如北魏的孝文帝拓跋元宏就曾极力提倡汉化，并将都城由平城（今山西大同）迁至洛阳。又大弘佛法，盛开石窟，广建寺塔，对振兴我国文化作出贡献。与此同时，传统的汉文化也吸收了许多新的外来内容，其中包括来自犍陀罗、印度的文化，甚至间接传自希腊的文化，特别是在雕刻、绘画和建筑中，其表现较为明显。

二、城市

各朝代帝都的建造，仍为此时主要的城市建设活动。北方可以北魏洛阳为代表，南方则以"六朝金粉"的建康最具盛名。

北魏原都盛乐，后移平城，太和十八年（公元494年）再迁洛阳，新都是在西晋洛阳的故址上兴建的。孝文帝颇重视中原文化，其于平城建太庙、太极殿时，即事先令蒋少游等"乘传诣洛，量准魏、晋基址"[1]。后又遣使赴南方建康，考察其宫阙、衙署状况，以供新都筹划参佐。北魏洛阳（图7-1）有城垣三重。最外为外郭，具体尺度不明，估计西至洛阳大市（西市）及

图7-1　北魏洛阳平面想象图

1《魏书·蒋少游传》。

供皇族居住之寿邱里一带，东至洛阳小市（东市）以东。中垣为都城，即汉、魏洛阳之故基。其平面大体呈纵矩形："南北九里，东西七里"。都城置城门十三座，依顺时针方向，东垣有建春、东阳、青阳三门；南垣有开阳、平昌、宣阳、津阳四门；西垣亦四门，即西明、西阳、阊阖、承明；北垣仅二门，曰：大夏、广莫。此外，因有河流穿城，故另应有水门或水窦若干。都城北垣西尽端，有金镛小城突出，亦属宫禁之地。宫城在都城中部略偏西北处，主要入口在南墙中央，辟大道铜驼街直抵都城南垣之宣阳门。宫北有御苑华清园（即曹魏芳林园故址）。

东、西市分别位于都城两侧，而以西市为大。另于宣阳门外永桥附近，设有供外国商人居住的四夷里及贸易之四通市。

供居民居住之里坊有二百二十区（一作三百二十三坊）[1]，筑于宣武帝景明二年（公元501年），现已无痕迹可考，据史载每里坊三百步，辟四门。并设里正二人、吏四人，门士八人以司管理[2]。

南方最重要城市莫过于建康。此城自东晋南迁后，即建为京师。以后历经刘宋、萧齐、萧梁至于陈，均沿为帝都。唯因袭用旧城，受历史沿革及地形等诸多条件之限制，故其布局及建置未能尽如理想。该城位长江南岸，北临玄武湖（东晋时称"北湖"），东北亘以紫金山（又称"蒋山"或"北山"），西、南二面则有若干丘陵，因此周围地形呈南北长东西狭之不规则形状（图7-2）。都城略作方形，南面三门，东、西、北面各二门。南墙中央之宣阳门为都城之主城门，有御道北通宫城南门大司马门，南抵秦淮河畔之朱雀门及其以外之长千里。宫城在都城中央稍北，作南北较长之矩形。其北为鸡笼山及御苑华林园，城外即玄武湖。此外，还根据军事需要，于西侧之丘岗地带，建石头城以为屏障。再在都城西南筑西州城，东南构东府城，并置部分行政官署。

南方因地狭人多，且河港纵横，以致大多街道坊里不克依规整方式布局。据文献所载之建康坊里有：禁中里、蒋陵里、都亭里、定阴里等，但其具体内容及位置，则均未述及。然自宫城以南至秦淮河一带，是为当时商业繁华与民居麇集所在，虽正史阙录，但自墨客骚士的诗文吟咏中，尚可知悉个中若干概况。

与西汉长安相较，两晋、南北朝之帝都已有所不同。首先是宫殿已不再分散，而是集中于一座宫城之内。宫城位置在都城中央偏北，并成为都城的中心。其次是都城都有一南北向之主轴线，它大体位于城市中央，同时也是宫城的中轴线。其三是依此中轴线的南端，布置城市的主干道，经由宫城的南垣正门，通向都城的南墙正门并延伸向外。它又是供皇帝通行的御道所在。

---

1 《魏书·世宗纪》。
2 北魏·杨衒之《洛阳伽蓝记》卷五。

图 7-2　东晋建康平面想象图

三、宫殿、苑囿

此时期之宫殿总体布局仍按"前朝后寝"，其朝廷部分也基本沿用两汉的前殿与东、西厢的横向布置。不过改称前殿为太极殿，又将原来的东、西两厢脱离主殿，并改称东堂与西堂。至东魏时，除上述三殿堂之布置外，又依太极殿纵列二组宫室。这与汉末曹魏邺城制式相近，并成为隋代以后再恢复纵向排列的"三朝"形式的过渡。

离宫及苑囿的数量及规模均不逮秦、汉远甚。且帝王平时游乐的苑囿，大多在京畿附近或都内，如北魏的华清园，南朝的华林园、乐游园、西苑、芳林苑等。苑中聚水汇流，累山叠石，又植各地异树、名花，构参差亭台、楼阁，其巧构睿思，皆可引人入胜。然就内中景物而言，经由人工所为者已渐有增加，而这种趋向，对于后世园林产生不少影响。

许多贵族、官僚及富商的私家园林，仍沿袭上述传统。即在追求精神享受的同时，也着重物质上的需要，并且还不忘记借此来表现自己的财富和权势。但是另一种风格的园林也在此兴起，它们是士大夫崇尚淡泊和出世的产物。这类园林的规模不在于大，而在于景物的古朴与自然。以追求远离市廛的危崖曲径、落瀑盘溪、古树垂藤和柴篱茅舍；作为他们理想中的最高境界。如果当自然条件不足以达到上述境界时，就以人为的方式去创造。例如北魏大司农张伦在洛阳昭德里的宅园[1]中所形成的山情野趣，备为时人所颂扬，即属于这类风格。至于一般清贫之士，无力图此丘壑，则只能因陋就简，或是用更抽象的形式，来宣泄自己的情感。众所周知陶渊明的"采菊东篱下，悠然见南山"，就是这些人的一个侧面写照。

---

1 北魏·杨衒之《洛阳伽蓝记》卷二。

四、佛教建筑

前面已经提到，佛教在此时期得到了极大的发展。它的传播已不仅普及于人民大众，而且对上层统治者也有深远影响。帝后、王侯笃依佛法并极力提倡，如北魏孝文帝元宏和南梁武帝萧衍，都是当时身体力行的中坚人物。

随着佛教的弘扩，各地寺、塔、石窟兴建的数量甚为惊人，尤以北魏洛阳和南朝建康二地更为集中。据《洛阳伽蓝记》所载，孝静帝迁邺以前，洛阳有寺一千三百六十七所（笔者按：恐为城内、外之合计数）。而《魏书·释老志》则云："自正光（笔者按：为孝明帝元诩三年号，公元 520—525 年）至此，京城内寺新旧且百所，僧尼二千余人。四方诸寺六千四百七十八，僧尼七万七千二百五十八人"。依此，则洛阳内、外佛寺总数又当大大超过前述矣。南朝建康所建造的梵刹为数亦甚众多，一般常所耳闻的，是唐代诗人杜牧《江南春》中的名句："南朝四百八十寺，多少楼台烟雨中"。而据《南史·郭祖深传》之记述，梁武帝时"……都下佛寺五百余所，穷极宏丽，僧尼十余万……"此为正史所载，应属可靠。

二京中之佛寺，有由帝后捐赀建造者，其规模之宏丽，自非他寺可比。如由北魏胡灵太后所建之永宁寺，刘宋明帝兴建之湘宫寺，以及萧梁武帝所创之同泰寺，均为名噪一时之巨刹。以永宁寺为例，此寺建于孝明帝熙平元年（公元 516 年），是一所采取"前塔后殿"布局，且有"僧房、楼观一千余间，雕梁粉壁，青琐绮疏"的宏丽佛寺。位置就在宫前。因系胡灵太后所立，一切制度，均拟仿宫禁。据《洛阳伽蓝记》载："寺院墙皆施短椽，以瓦覆之，若今宫墙也。四面各开一门。南门楼三重，通三道，去地二十丈，形制似今端门。图以云气，画彩仙灵，绮钱青琐，辉赫华丽。拱门有四力士、四狮子，饰以金银，加之珠玉，装严焕炳，世所未闻。东西两门亦皆如之，所可异者，唯楼二重。北门一道，不施屋，似乌头门。四门外树以青槐，亘以绿水，京邑行人，多庇其下……"其附属之墙垣、门屋已经如此，寺内主体建筑又作何如？依《洛阳伽蓝记》，知塔北有"佛殿一所，形如太极殿。中有丈八金像一躯，中长金像十躯、绣珠像三躯，织成五躯"。众所周知，太极殿为皇帝大朝所在，居宫中诸殿堂、楼观之首，而该佛殿竟得伴比朝廷，其规模与制式可想而知。但寺中最宏巨建筑仍不在此殿，而在于殿前之九重塔。此塔"架木为之，举高九十丈，有刹复高十丈，合去地一千尺。去京师百里，已遥见之"。又"浮图有四面，面有三户六窗。户皆朱漆，扉上有五行金钉，共十二门二十四扇，合有五千四百枚，复有金环铺首……绣柱金铺，骇人心目。至于高风永夜，宝铎和鸣，铿锵之声，闻及十余里"。由上述记载，该寺塔之瑰伟壮观，已跃然纸上矣。然塔之高度千尺，以东魏一尺得 30 厘米计算，应合 300 米。按记载其木构（并包括台基）占全高十之九，即 270 米，而木建之九级浮屠，恐难以达此高度，且立面亦不成比例。另据北魏·郦道元《水经注》，称此塔下基方十四丈，露盘下至地面高四十九丈。依北魏一尺等于 25.5~29.5 厘米计，则塔高当在 125~142 米，方之木构，较为可信。故以杨衒之记载有所夸张而存疑焉。永宁寺塔不慎于孝武帝永熙三年（公元 534 年）毁于火。据载当时"百姓道俗，咸来观火，悲哀之声，振动京邑……火经三月不灭，有火入地寻柱，周年犹有烟气"。一代巨构就此烟消灰灭，堕为尘土，而后世竟无可与伦比者，良可痛惜！

就此寺之总体平面，为廊庑围成之塔院。但塔后置殿，此与汉末徐州浮屠祠仅有塔无殿不同，而与日本现存之四天王寺近似。四天王寺建于公元 6 世纪末，属日本飞鸟时期，亦即中国南北朝式建筑输入时期。以该寺平面与永宁寺相较，可谓出乎一辙。但由内置释像之佛殿出现，表明原来佛寺中仅以塔为单一膜拜对象的格局发生改变，即塔已由寺中唯我独尊的地位下降，而逐渐让位于后来居上的佛殿了。由于财力、物力及技术条件所限，并非所有寺庙均建有塔，特别是中、小佛寺更加如此。此外，当时又常有舍宅为寺的，由于原来的宅邸格局已定，往往无法再建梵塔，而是采用改前厅为佛殿，后堂为佛堂的权宜方式，从而出现了一种新的佛寺平面，它打破了汉以来一统的外来佛寺布局，并为后来佛寺的中国化奠定了基石。

佛寺的另一种表现形式是石窟寺。即依崖凿石窟为佛殿，或径临崖刻龛纳佛像。印度已早有此类构筑，主要有二种形式。其一称为"窟殿"，面积颇大，入窟后两侧为柱廊，最后中央置塔柱，以供信徒膜拜，有的还在侧壁开小室若干，供信徒静修等用。另一种沿窟内石壁辟小室或龛甚众，供僧人修行或起居。我国绝大多数佛教石窟都属佛殿类。而分布亦集中于西北地区，仅部分位于中原或西南。其中最著名的是云冈石窟、龙门石窟（图 7-3）和敦煌石窟。

图 7-3 云冈、龙门、天龙山石窟总平面示意图

云冈石窟在山西省大同城西 16 公里武周山（旧时称武州山或武州塞）南，开凿于北魏文成帝和平（公元 460—465 年）初季，大同当时称平城，为北魏都城所在。据《魏书·释老志》载：沙门统昙曜"于京城西武州塞凿山石壁，开窟五所，镌建佛像各一，高者七十尺，次六十尺，雕饰奇伟，冠于一世"，史称"昙曜五窟"，亦为此处石窟中之最早者。

全部石窟均依武周山之北崖，绵延约一公里。现存石窟一千余处，其中较大者有 53 处。大小造像 51000 躯。大部主要洞窟均完成于迁都洛阳以前，即自文成帝和平年间至孝文帝太和十八年（公元 494 年）间的四十余年。其余最晚也不迟于孝明帝正光年间（公元 520—525 年）。现经编号的主要石窟有二十一处，依次分为三区：东区（1 号～4 号窟）、中区（5 号~13 号窟）及西区（14 号~21 号窟）。前述著名之"昙曜五窟"即在西区，编号为 15 号～20 号。此五窟之平面作椭圆形，内部以高大的本尊立（或坐）像为主，旁壁或刻大像或雕千佛，但未见本生故事。龛顶略作穹隆状。内中 20 号窟为露天式，雕有高 13.7 米的本尊坐像，高鼻丰颐，禅衫飘逸，造型端庄雄浑，被认为是此石窟寺中北魏石刻之代表作。最西端之 21 号窟，虽开凿较上述五座窟为迟，但内中之五层方形塔心柱，实为云冈诸窟最巨大与精美者。此塔每面五间。表面刻出倚柱、阑额、一斗三升斗拱、檐椽及带瓦垄的屋面。中部诸窟平面多为矩形，有的还附有二柱的三开间前廊。6 号与 11 号二窟室中并置有由地面直达顶部之心柱，6 号窟心柱上又置塔柱，为平面方形之九层塔，外观作仿木楼阁式样，但时间早于 21 号窟中者。取之与印度石窟中塔柱相较，表明此时其形式已渐易客为主矣。壁面及窟顶满布雕刻，除菩萨、力神、飞天及各种几何纹样（图 7-4），又有浮刻之三开间佛殿与塔等建筑。其中之佛殿于八角柱上置栌头、阑额、一斗三升斗拱及人字拱等，再上承有椽之四坡屋盖，屋上刻瓦垄、鸱尾、脊花及金翅大鹏鸟等，均为仿中国传统木架建筑之形象。室外前廊上部亦雕刻上述屋顶形象，或于石壁上遗留巨大洞穴，推测为旧日外部覆以木架建筑之梁孔。东部虽仅四窟，但颇具特色。其中 1 号、2 号、4 号面积不大，但皆有塔柱，尤以 2 号窟中之三层方形塔柱具显明之木构形象（图 7-5），3 号窟为云冈之最大者，亦分为前、后室，但前室偏于平面之西侧。前室东西宽 11 米，后室东西宽 43 米、南北进深 15 米，平面呈浅凵字形。内有高大佛像三尊。室外崖壁上亦有矩形梁孔十二，其上更有排列整齐之椽孔可见。

云冈石窟是我国较早的石窟，其雕刻尚保留不少外来影响，例如中区 8 号窟柱头上作双向之漩涡纹，颇似希腊建筑中的爱奥尼（Ionic）柱式；又同窟另柱上阑额所承的双伏兽形斗拱，亦非我国固有，疑受印度或波斯之影响。此外，壁龛上常施尖瓣形拱门，则显然来自印度。其他如佛像之高鼻深目，上衣右袒，衣褶薄叠等，俱可说明我国石窟艺术的初期，所受外来文化的深刻影响。

龙门石窟位于河南洛阳南约 12 公里之伊水两岸，始建于北魏孝文帝迁都后，当时称伊阙石窟，其中著名的宾阳三洞、莲花洞、魏字洞、古阳洞、火烧洞与药方洞、石窟寺、路洞等，

图 7-4 山西大同云冈 10 号窟外洞内景

图 7-5 云冈石窟的建筑雕刻

即凿于北魏至北齐者，均位于西岸，而最为突出的是宾阳中洞，起工于宣武帝景明元年（公元 500 年），完成于孝明帝正光四年（公元 523 年），前后历时二十四年，耗工八十万。窟内列大佛十一尊，主像如来高 8.3 米，而洞口二侧浮刻之《帝后礼佛图》尤为精美，惜于抗日战争前被盗往国外，分别藏于美国纽约市艺术博物馆和堪萨斯纳尔逊艺术馆。

诸窟平面多为矩形单室，形状较为简单。室内浮刻已不若云冈之杂乱繁密。造像铭记甚多，且药方洞中刻有北齐时古药方百余条，弥足珍贵。在建筑局部的造型方面，如云冈之漩涡纹柱头及双马斗拱等均已不见。佛像之面目与衣饰亦已更加中国化了。

敦煌石窟在甘肃敦煌东南25公里之鸣沙山下，始建于前秦建元二年（公元366年），较之云冈、龙门更早。此石窟又称莫高窟或千佛洞，因当地石质不佳，不能进行雕刻，因此以壁绘与彩塑为主。但窟平面以方形或矩形为多，有的还保留中心柱。窟顶以覆斗形最多，也有用平棊（棋）和两坡的。洞中佛像均泥塑。壁面则施彩画，内容为佛本生故事等，窟顶绘飞天或莲瓣及几何纹样。色彩均甚强烈，以土红或白色为底，涂以青、绿、白色，再以墨线或深赭勾勒轮廓。所绘人物常隆鼻黝肤，且早期飞天有作蓄髭男子者。

响堂山石窟可分为南、北二处，相距15公里，均位于河北省邯郸市。始凿于北齐文宣帝时（公元550—559年），特点是外观进一步模拟我国传统木架构建筑，多于窟前凿三开间柱廊（图7-6），在檐柱上置栌斗、阑额及一斗三升、人字拱等，再承枋与屋面，琢刻甚为逼真。但外来之火焰形尖拱门及束莲柱仍相当普遍使用。山西太原天龙山之北齐窟，也有类似情况。

其他著名石窟寺如麦积山石窟（甘肃天水）（图7-7、图7-8）、炳灵寺石窟（甘肃永靖）、巩县*石窟寺（河南巩县）等，均始于北朝，唯建筑上表现不若前介绍者突出，故予从略。

南方石窟较北方少甚，早期者更为难觅。仅南京东北之栖霞山千佛崖有少量南朝石窟。开凿于南齐武帝永明二年（公元484年），续作于萧梁一代。唯规模不大，窟数无多，且造像迭经破坏，大多已失其原来面目。

图7-6　河北磁县南响堂石窟门廊

---

*[整理者注]今河南省巩义市。

南北朝之丛林、梵塔虽极一时之盛，然破毁殆尽，存者几无。就目前所知，仅建于北魏孝明帝正光四年（公元 523 年）之嵩岳寺塔（图 7-9）犹在。寺原名闲居，成于宣武帝延昌前，为嵩山中大刹，周旁风景绝胜。此塔平面作十二边形（图 7-10），为国内孤例。塔为密檐式，叠檐十五层，全高约 40 米。外轮廓作微凸之缓和曲线，异常雄丽挺拔（图 7-11）。塔下基座亦十二边形，南端另建方形月台。底层南面辟门，由此进入十二边形塔室。主层于东、南、西、北四面开门，经门道进入八边形塔室。余八面对外均构长方形小龛，间以圆倚柱。此层塔外径为 10.6 米，壁厚 2.5 米。八边形塔室由此直达塔顶，过去曾以木楼板分内部为十层，现均朽落。塔身除刹为石雕以外，全部由灰黄色砖砌成。各层塔檐俱构以叠涩。主层倚柱头砌作莲头莲瓣，券门及小龛上皆施火焰形尖拱装饰。密檐间每面塔身置小窗三扇，但仅中央为真窗，余皆盲窗。此塔为我国现存最早之佛塔，且平面特殊，造型优美，又保留了不少外来建筑风格，因此在我国建筑史中占有重要地位。

此外，现藏于山西朔县*崇福寺之北魏小石塔，制于献文帝天安二年（公元 467 年），亦为平面方形之九级楼阁式浮屠。其每层四隅突出柱墩，除底层四面中央之大龛外，壁面全雕小佛像。此塔虽属模型性质，但亦可作研究当时佛塔之参佐。

图 7-7　甘肃天水麦积山石窟 30 号窟平剖面图

---

*[整理者注] 今山西省朔州市朔城区。

图 7-8 甘肃天水麦积山第四号窟复原想象图

图 7-9 河南登封北魏嵩岳寺塔远眺

图 7-10 嵩岳寺塔平面

图 7-11 嵩岳寺塔立面

五、陵墓

汉末以降，宇内多事，天下纷扰，致使国弊民凋，从而葬制言简者日众。帝王且自作终制者，令其寿陵不封不树，敛以常服，葬以瓦器等。如曹魏武帝、文帝，西晋宣帝、景帝然。西晋初，武帝亦诏禁墓前置石兽、碑表，称"……既私褒美，兴长虚伪，伤财害人，莫大于此"。然时禁时复，未能始终定为常制。总而言之，其比较秦、汉时之厚葬，已大为简略矣。

两晋及北朝诸陵之地面建构筑物，均已平毁而无从辨析，仅南朝帝王陵墓尚有若干遗迹可寻。齐、梁两代帝、后陵分布于今江苏丹阳，而宋、陈皇陵则在今南京市境内。各陵地面建制已不完整，现存的尚有石兽、神道柱和石碑等。位于神道入口两侧的石兽作带翼的狮子形，高长各约3米，挺胸阔迈，昂首吐舌，外观雄劲粗犷。传说它们是古代的一种神兽，双角列左的称"天禄"，独角列右的称"麒麟"，后来亦通谓之"辟邪"，应均属护墓神灵（图7-12）。其次是神道石柱一对，下为雕双螭的石础，上承刻凹楞的方圆形柱身，中嵌有镌墓主职衔和姓名的石版，一般是左柱版上正书，右柱反书。柱顶为一刻莲瓣的圆形石盘，上再置一小辟邪。柱（图7-13）全高约6米，比例与造型俱极精美，方之后代，亦未有出其右者。再后则为载于龟趺上的石碑，碑高约5米，圆首有穿，并刻交蟠的双螭为饰。

在南京一带发现东晋与南朝之大墓数处（图7-14），均为单墓室，平面呈矩形、六边形或椭圆形。墓由模印花纹之小砖砌成，墓顶则构作筒券式样。而较之西晋墓葬多用二墓室者又简化矣。

北朝墓室亦以单室为多，或于主室侧各加一耳室。东汉盛行于中原之具复杂平面之多室小砖拱券墓已不复见。

墓中亦有置仿木建筑形式之石椁室者，唯存世遗物仅有一例，即发现于洛阳的宁懋墓石室。此室建于北魏末季之孝庄帝永安二年（公元529年），面阔三间，进深一间，单檐厦两头（即悬山）屋顶，全部仿木梁、柱结构式样。正面当心间空旷，未置门窗；两次间除在横枋中央施间柱及人字拱以外，壁面无其他构件。背面则于当心间隐出布有门钉三列之双扇板门，门额上再施人字拱二具。次间中部隐刻直棂窗，窗上、下均立间柱，窗额上置大人字拱一具。山面结构为阑额上以蜀柱承大叉手。屋面刻出筒瓦、板瓦及排山。正脊两端稍有起翘，但未施鸱尾。两山并置有搏风板，然无悬鱼等装饰。正面及两山墙面满布云、龙纹等线刻。以此室与汉代郭巨石祠比较，其仿木构建筑形象已更加逼真，表明此时建筑石作的技术与艺术水平已很高超。可惜此具有重要历史价值的石建筑已于20世纪初被偷运国外，陈列于美国波士顿博物馆。

图 7-12　南京南朝萧憺墓石辟邪

图 7-13　南京栖霞山南朝萧景墓表

图 7-14　南京西善桥南朝大墓

六、其他建筑

1933 年秋,笔者于河北定兴县发现的义慈惠石柱(图 7-15),亦对研究北朝建筑有重要参考价值。此柱建于北齐天统五年(公元 569 年),依其上铭文,知当时为集葬殁于战乱弃之四野的骸骨,曾募金筑圹,并设供延僧,又建石柱以志芳徽。柱高约 7 米,最下为雕饰高莲瓣柱础;中为柱身,分为上、下两段。下段作八边形断面,上段为正方形,而叙事之《标异乡义慈惠石柱颂》及功德题名等皆镌刻于此。柱顶有方形盖板一,底面刻莲瓣、套环等装饰纹样。板上又建一面阔三间、进深二间之仿木梁、柱结构石殿屋。其当心间置尖形拱佛龛,内具有背光之坐佛一躯。次间开矩形窗。檐柱皆呈梭形,下无柱础,上仅置栌头,承之以枋,柱间并联以阑额。屋顶为四坡形式,唯正脊极短,四垂脊至屋角处稍作上翘。檐下施椽二重,檐椽断面呈半圆形,飞子则作矩形。角部之大角梁、仔角梁已很明显。大角梁头颇似后代之霸王拳式卷杀,仔角梁头则雕一蹲坐力神,亦与宋《营造法式》相近。

此柱与前述南朝神道柱颇不相同。无论就其柱础之雕刻、柱身断面及表面处理、柱顶板形状及顶饰等,均大相迥异。估计与它们应用的目的、对象和墓葬的制式有关。

图 7-15 河北定兴北齐义慈惠石柱

七、建筑技术与艺术

此时期佛教建筑的大量兴建，特别是多层的木楼阁式塔的兴建，使得木结构技术得到很大发展。这里不但要解决高层木建筑整体结构的稳固性，还要解决各层之间构件接合的构造问题，估计此时缠柱造的方法已被普遍采用，否则就无法建成像洛阳永宁寺塔那样宏伟的建筑。

砖结构此时亦被推广。地下墓室已全用小砖铺砌地面、墙体和室顶。而渊源甚久远的木椁墓与战国至西汉一度流行的空心砖墓均不复见。在地面上，除用砖包砌城墙外，还建造了高达40米与直径近11米的庞大砖砌体——嵩岳寺塔，表明砌砖技术亦已上升到一个很高水平。

据记载，北朝已经使用了琉璃，这可能是由西域传来的，因应用不甚广泛，且不久后就已失传。

佛教发展对于建筑的另一影响，就是石窟寺的开凿。自十六国起至北齐、北周，我国北方兴建石窟之风一直不断。长期而大量地开窟造像，必然使石作的技术与艺术水平获得长足进步。此外，兴修陵墓也是使石作发展的另一动力，如南朝诸陵的石兽、石柱与石碑，自采料、运输、琢刻到安装，无不与建筑的技术与艺术有关。而如宁懋石窟、义慈惠石柱的仿木建雕刻，既说明了我国石建筑风格发展的趋向，也体现了当时石工匠们的技艺高超。

东汉砖石墓中屡见的画像砖、石，至此期已逐渐消失，而代之以墓内壁面满砌花纹砖，或径施由砖组成的巨幅画面。例如南京西善桥发现的一处南朝大墓，壁面即有由模印砖拼嵌的大型砖画《竹林七贤图》，甚为别出心裁。

南北朝时石刻浮雕与圆雕的大量出现，也与佛教石窟寺的发展有关。它一变西汉画像石平面浅刻的单调与初期圆雕的古拙粗犷，而以构图丰富，形象优美，线条流畅，神情雅逸取胜。其中尤以云冈20号窟之露天三世佛坐像，与龙门宾阳中洞前壁之《帝后礼佛图》浮刻最为端丽生动，足为此期石刻代表。

由于中西交通的增多，特别是佛教的东传，带来了新的建筑和装饰题材上的内容。例如"火焰式"尖拱门、束莲柱、须弥座、西番莲、卷草等。它们的使用和尔后的发展，都大大地丰富了中国建筑的内容。

第八章

隋、唐、五代建筑

一、社会概况

隋文帝杨坚于公元581年篡夺北周,建立隋朝。又于开皇九年(公元589年)南渡灭陈,从而统一全国,结束了二百年来南北分裂的局面。隋文帝崇尚俭约,励精图治,修长城,开河渠,又建新都大兴城,在位二十四年,"人庶殷繁,帑藏充实"。然其继者炀帝则好大喜功,虽修边城,开大运河有利于国,但役民过度,天下不堪。又大起宫室,广为苑囿,美奂服御,荒奢无度。且屡开边衅,动众兴师,败亡相继,白骨盈野。如此导致士庶恚怨,忠良背离,盗贼蜂起,四海骚然。十余年间,即崩溃瓦解而不可收拾。事见《隋书·炀帝纪》,而后世史家往往以此为立国者之殷鉴。

隋代统治时仅三十九年,但土木之功甚为可观,其情况将在下节中介绍。隋文帝虽称明主,然"素无学术,好为小数,不达大体……又不悦诗书,废除学校……废黜诸子"。如仁寿元年(公元601年)曾颁令废太学及诸州、县学,仅留国子学生七十人。炀帝时则比较重视经术,并多次宣诏择选"学行优敏,堪膺时务"者入仕。又立孔子后裔为绍圣侯,以示尊儒。隋代盛崇释、老以及五岳、四镇诸神。如文帝曾诏令:"敢有毁坏、偷盗佛及天尊像,岳镇、海渎神形者,以不道论。沙门坏佛像,道士坏天尊者,以恶逆论"[1],并敕天下诸州各建舍利塔广弘佛法。

隋末群雄并起,经数年攻伐兼并,最后由李渊一统大业,建立了唐王朝,从此中国历史又跨入到一个新的阶段。唐代初期鉴于大乱之后,天下未复,因此采取计口授田及租庸调法,以增加农业与手工业生产和减轻人民赋税劳役,使经济很快得到恢复。在选择人才方面,打破了汉、晋、南北朝以来一直由名门大族所垄断的传统因袭,提倡开科取士,选贤任能。这样就团结了人数众多的庶族地主阶级,从而加强了唐李王朝的统治。在对外与突厥、吐蕃和高句丽的历次战争中,取得大部胜利,扩大了唐王朝的版图和对外影响。此外,又采取汉以来下嫁皇室宗女的"和亲"方式,来笼络外族的上层统治阶级,文成公主远赴西藏,就是一个著名的例子。由于突厥势力的消退和西域诸国的归附,再度开辟了通往西域的陆路交通。当时往返于"丝绸之路"的中外使节、僧侣和商人络绎不绝。这些不辞辛苦,跋山涉水,横越沙漠,行程万里的先驱,为沟通中西文化交流和贸易往来,作出不朽贡献。唐中叶以后,帝王竞逐淫侈,役税日增;朝廷官宦朋党,藩镇骄横。天宝时"安史之乱",迫使玄宗西狩。自此政治、经济日趋衰弱,而上下、内外矛盾的全面激化,导致王仙芝、黄巢等领导的农民大起义,唐王朝也因此被摧毁。

唐末的藩镇割据,形成了统治中原的梁、唐、晋、汉、周和江南、四川、山西诸地的吴、南唐、

1《隋书·高祖纪》。

吴越、前蜀、后蜀、南汉、楚、闽、南平、北汉等地方政权，史称"五代十国"。后梁、后唐、后晋、后汉、后周占据中原的五个朝代，因土地与人口都较十国为多，所以过去被认为是正统王朝。在政治上各国统治时间都很短，但南方诸国间战争较少，破坏较轻，使经济得到不断发展，并从此确定了居于全国优势的地位。自南北朝以来一直得到提倡的佛教，虽经北魏太武帝拓跋焘太平真君七年（公元 446 年）、北周武帝宇文邕建德三年（公元 574 年）和唐武宗李炎会昌五年（公元 845 年）三次全国性的取缔——所谓"三武灭法"，但皆历时不长未几又次第予以恢复。然实际仍给佛教以严重损害，其中尤以唐会昌一役为最烈。除毁拆寺院、兰若四万五千余座，及还俗僧尼二十六万以外，数百年来所累积的佛经典籍，因此湮没或散佚亦极为众多，从而导致若干宗派（如天台、贤首等）走上了没落与衰微。

自汉代起即与佛教分庭抗礼之道教，为一贯自诩土生土长与符合中国传统国情者，其视佛教则否。因此佛、道二教短长之争，历代均有所闻。此外，道家于唐代又附会李氏皇族为道教鼻祖李耳后裔，冀图以此表明其渊源之正统与远长。而李唐诸帝，颇有受其惑者，如玄宗李隆基即其中之一。另武宗李炎更见诸灭佛行动，最后则以"……颇服食修摄，亲受法箓。至是药躁，喜怒失常，疾既笃，旬日不能言……"[1]，死于非命。然就总体言之，道教之传播范围与影响所及，始终未能超于释门之上。

其他外来之宗教如伊斯兰教、景教、袄教（或称拜火教）、摩尼教等，亦先后随西域商贾或降人等传来中土。并于长安建有寺庙，虽为数不多，但亦可见当时外来文化交流之盛况。

在文学、艺术方面，唐代之英才辈出，灿若群星。著名诗人如李白、杜甫、刘禹锡等，其制佳句绝唱，早为天下传诵。而画家若阎立本、吴道子等，所绘妙手丹青，尤得世人盛誉。其共同特点是写实性强，予人以深切感受，而一反汉、六朝追求形式与内容空泛的作风。就雕刻而论，依现存寺院或石窟之雕塑佛像，其比例与造型已与人体极为相近。方之北朝诸例，则雄健瑰丽与端庄细腻皆远胜之；而较以其后之五代以迄于明、清，亦未有能出其右者。

1《旧唐书·武宗纪》。

二、城市

隋文帝禅代北周之次岁，即开皇二年（公元582年），以所居之长安旧城"此城从汉，凋残日久，屡为战场，旧经丧乱。今之宫室，事近权宜，又非谋筮从龟、瞻星揆日，不足建皇王之邑"。且原有规模狭仄，宫室、官衙与闾里杂混，水质亦不堪用。于是经过"卜食相土"，选择了旧城东南"川原秀丽，卉物滋阜"的龙首山一带，营建新都大兴城。由左仆射高颎、将作大匠刘龙等主持。

据文史记载，大兴城建于开皇三年（公元583年），城平面为矩形（图8-1），"东西十八里一百十五步，南北十五里一百七十五步"，与现在考古发掘所实测之东西9721米与南北8652米接近。都城共开城门十处，东墙城门为通化、春明、延兴；南墙为启夏、明德、安化；西墙为延平、金光、开远；北墙仅西端有光化门。皇城建于都城北部中央，尺度于《隋书》无载。而《新唐书·地理志》中曰："皇城长千九百一十五步，广千二百步"。依现时测定，为东西2820米，南北1844米。有城门七处。南垣正中之朱雀门为皇城正门，左安上门，右含光门；东垣有延喜、景风二门；西垣为安福、顺义二门。皇城之北，建为宫城。宫城北垣即为都城北垣之一部。据前书其"长千四百四十步，广九百六十步，周四千八百六十步，其崇三丈有半"。考古实测为东西宽同皇城，南北1492米。是以记载尺度与实测有所差异。宫城南墙正门名承天门，北墙有玄武门。皇城与宫城间隔以宽度为220米之广道。宫城本身又划分为东侧之东宫，中央的大兴宫（即太极宫，为主要宫殿所在）与西端的掖庭宫。

整个城市设计极为规整，除有贯通全城之南北轴线外，全部街道、坊里均作正东西南北之棋盘状布置。已知隋代此城有"里一百六，市二"。由于大兴城之建设定于开皇二年六月，次年三月帝即"常服入新都"，事载《隋书·高祖纪》。但《隋书·食货志》则称"开皇三年正月，帝入新宫"。以偌大工程能于如此短期内完成，实不可想象。可能当时仅完成内中之一部，而将其余续营于以后。由炀帝大业九年（公元613年）尚"发丁男十万城大兴"[1]一事，亦可稍见内中端倪。

唐都长安仍依隋代大兴城之旧，仅局部有所兴建调整。太宗贞观八年（公元634年），于城东北之龙首原高处建永安宫，供太上皇夏日避暑。第二年，改称大明宫。此宫原系离宫性质，但高宗龙朔（公元661—663年）以后，改为大朝所在。玄宗即位，将其藩居兴庆坊改建为兴庆宫。开元十四年（公元726年）又将此宫向北扩充，并入永嘉坊之半。高宗永徽五年（公元654年）

---

1 《隋书·炀帝纪（下）》。

图 8-1　唐长安平面图

三月及十一月，两度以丁夫百姓四万余人筑长安罗郭，并在东、南、西三面九门建城楼[1]。后复于都城之北垣，另新辟景耀、芳林、兴安三门。又先后于大明宫东、西两侧与都城东墙处并建夹城。御辇循此可不经市廛，径由大明宫直达兴庆宫或芙蓉苑，堪称便利。大朝迁至大明宫后，正门丹凤门前辟南北大道，故将原建之二座坊里划分为四，致使都内坊里增至一百零八座。

都内街道，除宫城前东西大道宽 220 米外；由皇城南墙中门朱雀门通往都城南墙中央明德门之南北大道宽 150 米；东、西市周围街道宽 120 米；最窄的沿城街道也达 25 米。但道路都为土路面，下雨时积水，泥泞不堪。据记载初唐时道旁曾植以果树。

御苑位于都城北垣以外，史称"苑城东西二十七里，南北三十里。（东）至灞水，西连故长安城，南连京城，北枕渭水。苑内离宫、亭、观二十四所。汉长安故城东西十三里，亦隶入苑中。苑置西南监及总监，以掌种植"[2]。另一处位于都城之东南隅，因原有地势低洼积水，不宜构作坊里，故辟为游宴之地，称芙蓉苑，又名曲江池或曲江亭。德宗时及其后诸帝，常宴群臣百僚于此。

隋、唐均以洛阳为东都。隋初名东京，大业元年（公元 605 年）三月，炀帝即令尚书令杨素、将作大匠宇文恺等营建东京，立新城于故洛阳西十八里，"北据邙山，南对伊阙，洛水贯都，有河汉之象。都城南北十五里二百八十步，东西十五里七十步，周围六十九里三百二十步"[3]。此城平面略呈方形，洛水东西流，分城为南、北二部。都内置宫城于东北隅，又辟"纵横各十街，街分一百三坊，二市"。城成于大业二年正月。根据杜宝《大业杂记》，所载东都情状与《新唐书》《旧唐书》颇有出入，然对都内宫室、街道等描述较详，现略择其大要，以作上文之补充。自宫城南垣正门端门循御道南行，渡黄道渠、洛水与重津渠诸津梁，九里即抵罗城南垣正门建国门。都内街坊一百二十六，除三十坊在洛水以北，其余均在水南。坊各周四里，四垣辟门临街，"门普为重楼，饰以丹粉"。洛水为贯都之主要水道，虽有舟楫传输之利，但泛滥时为害亦甚。故南岸距重津渠二百步筑有大堤，以策安全。另引流入城的尚有伊水、谷水等。宫西南以大青石建石湟，"东西三百余步，阔五十余步，深八尺……以湟王城池水，下黄道渠入洛"，是为都中较大之另一水利工程。城内街陌纵横，而以南北向之端门大街为主。此街"阔一百步，道旁植樱桃、石榴两列……四望成行，人由其下。中为御道，通泉流渠，映带其间"。因城内河渠甚多，故建桥或浮航以渡。其中主要的如端门外之黄道桥三道，跨洛水之天津浮桥，可开阖以通楼船入苑的重津浮桥，以及建国门南二里，渡甘泉渠之通仙桥五道等。城西北之右掖门街，有子罗仓，贮盐二十万石。其西另有库，藏米八千石。诸王府

1《旧唐书·高宗纪（上）》。

2《旧唐书·地理志（一）》。

3 同上。

第在西太阳门外西南，各宅自成一院。达官显贵亦于东都造宅，如尚书令杨素等。大业三年十月，迁河北诸郡工艺人户三千余家至东都，于洛水北建阳门道东建坊十二以居之。上述施建，大都成于炀帝时。据《隋书·食货志》："始建东都……每月役丁二百万人……役使迫促，僵仆而毙者，十四五焉。每月截死丁，东至城皋，北至河阳，车相望于道"。炀帝之好大喜功而不恤百姓，于此亦可见其一端。

隋末唐初之际，群雄争霸天下，王世充曾据洛阳，因此城居必争之地，故颇蒙兵燹。唐初建京师于长安，高祖李渊武德四年（公元 621 年）曾罢东都，至太宗时称洛阳宫。及高宗显庆二年（公元 657 年）仍复为东都。以后虽名称屡有所更，如则天后时称神都，玄宗又易为东京，至肃宗仍沿其旧。然唐代东京之建设，数则天后时最为浩繁。如建明堂、起天堂、立天枢、铸九鼎、开伊阙石窟等，均极天下之力，而耗费不赀。玄宗好游幸，车驾多次临东京，虽有若干建树，然规模已大不逮则天后矣。唐末大乱，昭宗迁都洛阳，此乃受朱全忠之挟制，非其本愿，更无从顾及营建矣。

五代之后梁、后晋、后汉、后周均都汴，仅后唐都洛阳。皆依旧城稍加改作即得。如汴原为州城，朱温开平元年（公元 907 年）升为开封府并建都于此。依《册府元龟》载，此城城门经晋、汉、周沿用至北宋，仅名称有改。而墙垣即为宋东京之中垣。

三、宫殿、苑囿

隋建大兴宫于皇城之北端，已具见前述。其大朝为大兴殿，而次要及附属殿堂，若武德、文思、嘉则、崇德、大业及射殿等，皆见于文帝及炀帝本纪。御苑置于宫城之北，称大兴苑或北苑。文帝开皇四年（公元584年）南梁萧岿来朝，曾大射十日于此。炀帝大业元年（公元605年）"采海内奇禽、异兽、草木之类，以实园苑"[1]，此苑当在其列。

东都之隋宫在城西北隅，东西广五里二百步，南北袤七里。宫墙北面三重，东、南、西各二重。宫正门居南垣中央，名端门，上置重楼太微观。另设左、右掖门于其东、西。端门内为则天门，门楼二重，名紫微观，左、右各建高阙。隋代宫殿改变两汉迄南北朝的前殿（太极殿）与东、西厢（堂）的并列布置，恢复了将主要门殿依纵轴排列的制式。其主殿为乾阳殿，"殿基高九尺，从地至鸱尾高二百七十尺。十三间二十九架，三陛"[2]。其后有大业殿，"规模小于乾阳殿，而绮丽过之"。此外，散见诸文献中之殿堂，尚有武德殿、文思殿、嘉则殿、崇德殿、文成殿、武安殿、东、西上阁等。

御苑称西苑，建于大业元年，周环二百里。苑中为筑山而凿大池，周十余里，中设蓬莱、方丈、瀛洲三神山，突兀水面百余尺，上建宫观以象仙居。池北引水名龙鳞渠，广二十步。依渠建宫院十六所，各为一区，并建院墙。内置殿台、楼阁，穿池引水，栽树莳花。院周置屯，或因水养鱼植菱，依圃培瓜种菜，"四时肴膳，水陆之产，靡所不有"。秋、冬苑中花木枯谢，宫人遂剪彩绫为花叶，色败则更新之。

隋代离宫别馆甚多，其中著名者如岐州之仁寿宫，建于开皇十三年（公元593年），为供文帝避暑所在。而自京师大兴城至此，中途设离宫十二所。又如江都宫，建于大业初，其正殿名成象殿，其他殿、堂、楼、榭不可胜数。至今扬州城北尚有迷楼故址，相传亦建于斯时。他如显仁宫、天经宫、醴泉宫、景华宫、长春宫、晋阳宫、汾阳宫、临朔宫、亭子宫、甘泉宫、临江宫、陇川宫、嵩阳观、榆林宫等，皆有载于籍记。

唐代长安宫殿最先仍沿用隋大兴宫，仅改名为太极，后称西内。据记载宫内共有殿、堂、亭、观三十五所。正门承天门，正殿太极殿。其后为常朝两仪殿，而诸殿门有嘉德、太极、延明、白兽、玄德、虔化等。殿堂则有三清、武德、甘露、神龙等。太极门殿东置鼓楼，西置钟楼，系为前代所未有。另于宫城西北之三清殿侧建凌烟阁，太宗贞观十七年（公元643年）命阎立本图开

---

1 《隋书·炀帝纪（上）》。
2 宋·晁载之《续谈助》卷四引《大业杂记》。

国元勋二十四人于此。而高祖武德四年（公元 621 年）所置之宏文馆，则位于延明门之东偏，专供收藏天下书籍典册，一如隋代之观文殿者。高宗以后，朝廷迁往大明宫，而以西内居太上皇。

大明宫原属避暑离宫性质，后改为正衙所在，亦称东内，建有殿、堂、亭、观三十余座。宫正门为丹凤门，入内含元、宣政、紫宸三殿纵列。其中含元殿为此宫主殿（图 8-2），建于丘冈龙首原上，拔地十余米。殿面阔十一间，前有蜿蜒踏道如龙尾，故称龙尾道。殿左、右向前延出翔鸾、栖凤二阁，联以廊榭，形成凹状平面，遂开后世门字形制之先河。殿前左、右并置若干台、省、衙署。紫宸以北，属后宫范围。中央有大池曰"太液"，池中置岛称"蓬莱"，沿池建殿、台、楼、榭、亭、廊之属。此区西侧有麟德殿（图 8-3），据发掘知，此建筑由前、中、后三殿组成。前殿面阔十一间，面临广庭。中殿面阔亦如之，但两侧有厚达 5 米之土墙，估计其上更有建筑。殿东、西各有楼、亭一座。唐人记载中言及此殿者甚多，为皇帝宴群臣百僚及观看角觝、俳优百戏之所。宫北辟玄武门，其外再置重城及重玄门，以纳军卫。

玄宗即位后，就其旧居为兴庆宫，或称南内。宫内有大池曰：龙池，建于开元二十三年（公元 735 年）。主殿名兴庆殿，另有勤政务本楼、花萼相辉楼、咸宁殿、龙堂等建筑。此宫日后亦用于颐养太上帝、后。

东都宫室均大体依隋。史载唐时有殿、堂、台、观三十五所，其中知名者如贞观殿（高宗崩所）、武成殿（武则天上尊号处，为宫中听政之正殿）、乾元殿等。后者建于高宗麟德二年，武后当政时，毁之以建明堂。堂成于垂拱四年（公元 688 年），"凡高二百九十四尺，东、南、西、北各三百尺。有三层，下层象四时，各随方色。中层法十二辰，圆盖，盖上盘九龙捧之。上层法二十四气，亦圆盖。亭中有巨木十围，上下通贯，栭栌撑梲，借以为本，亘之以铁索。盖为鹭鸶，黄金饰之，势若飞翥。刻木为瓦，夹纻漆之。明堂之下，施铁渠以为辟雍之象，号万象神宫"[1]。此建筑之壮丽华奂，于唐季当居第一。尔后又建或称为天堂的功德堂于明堂北，建成将以容"大佛像高九百尺……头高二百尺"[2]。堂高千尺，巍峨五层，据称至三层即可俯瞰明堂。

图 8-2　唐长安大明宫含元殿复原设想图

---

1 《旧唐书·礼仪志（二）》。

2 唐·张鷟《朝野佥载》卷五。

图 8-3 唐长安大明宫麟德殿复原设想图

然未及竣工，证圣元年（公元 695 年）正月不戒于火，熊熊烈焰并延及明堂，"至曙，二堂并尽"。次年，武后又令重建明堂，成于四月，改名通天宫。玄宗开元二十七年（公元 739 年）诏令毁其上层，并改拆其下层仍为乾元殿[1]。武后于洛阳另一"壮举"，为广敛东都铜、铁，用建天枢柱于端门之外，借以歌颂功德。此柱"高一百五尺，径十二尺；八面，径各五尺。下为铁山，周百七十尺。以铜为蟠龙、麒麟萦绕之。上为腾云承露盘，径三丈；四龙人立捧火珠，高一丈"，亦极宏伟崇丽。开元元年七月诏毁，"取其铜、铁充军国杂用"，但至次年春季方予施行。

禁苑在东都城之西，"东抵宫城，西临九曲，北背邙阜，南距飞仙。苑城东面十七里，南面三十九里，西面五十里，北面二十里"[2]。苑中建有宫观、楼台十四所，内有高宗显庆四年（公元 659 年）所起之八关宫（旋改名"合璧宫"）。上元二年（公元 675 年）皇太子弘即薨于此宫之绮云殿。

唐代于各地所建之离宫，较隋代更有增无减，仅见于文记者即有四十余座，大多供帝王避暑或出行驻跸之用。如建于终南山之太和宫，地处太和谷中，覆山以为苑，即为奉太祖以消暑。

---

1 《旧唐书·玄宗志（下）》。

2 《旧唐书·地理志（一）》。

贞观十一年后，改称翠微宫。位于长安附近骊山之温汤，屡蒙车驾所幸，尤以玄宗最为频密。开元十一年（公元723年）于此起温泉宫。天宝六年（公元747年）改称华清宫。依温泉作御汤、妃子汤等，并砌以白石，隐起龙鱼、花草图案，瑰丽绝世，罕有俦比。周旁环列殿、亭、楼、阁，见史文者有长生殿、观风楼、朝元阁、走马楼、吹笛楼、饮酒亭等，又"筑罗城，置百司及十宅"[1]。他如九成宫，原系隋仁寿宫，亦有"周垣千八百步，并置禁苑及府库、官寺等"，并为高宗所常幸。离宫、别馆多有其特点，除上述具温汤或避暑外，如鱼藻宫中浚为大池，可供临观竞渡。而长春宫则以"其间园林繁茂，花木无所不有，芳菲长如三春节……"[2]取胜。

---

1 《新唐书·地理志（一）》。
2 尉迟偓《中朝故事》。

四、佛教建筑

隋、唐佛教之衍盛，亦可由其兴建寺庙、塔幢与石窟的众多，而得窥其端倪。五代则因战乱，所遗实物极少。此外来宗教经汉、晋、南北朝五百余年之嬗变，其内容与形式与初传时已大相径庭，佛教建筑自不例外。隋、唐、五代之佛寺平面已形成以殿堂为中心的对称布局，佛塔或已不用，或退居次要地位而置于寺侧或寺后。敦煌莫高窟 172 号窟北壁、148 号窟东壁（图 8-4）、217 号窟北壁之《西方净土变》与 148 号窟南壁之《弥勒变》所示，均可为证。而上述诸图所描绘天宫佛寺之主要部分，即由中央之大殿以及左、右行廊、崇阁所组成的凹形平面，与大明宫正衙含元殿如出一辙，似为当时最高等级建筑的通则。在结构上，则完全表现了木梁架的结构形式。而其外观亦与中国传统建筑相吻合。

当时佛教寺庙虽多，形象除得自壁画及石刻（慈恩寺大雁塔门楣）（图 8-5）外，保存完整者至今尚未发现。现知殿堂仅有唐代遗物二处，即山西五台之南禅寺大殿与佛光寺大殿。

南禅寺大殿（图 8-6）建于唐德宗建中三年（公元 782 年），这是一座开间与进深俱为三间的小殿，平面大体呈方形（图 8-7），坐落在一低窄台座上。除南面当心间置双扇版门，二次间各施直棂窗外，其余三面均为封闭之墙壁。此殿在结构上不施补间铺作，仅柱上栌斗外出五铺作双杪，偷心造，耍头斫作批竹形；内转四铺作单杪承四椽栿。此栿上再以驼峰二具托平梁，梁中立侏儒柱，支令拱、替木承脊槫。并用叉手与托脚。整个梁架为彻上明造，甚为简洁（图 8-8、图 8-9）。屋顶为九脊殿式。坡度缓平，约 1/5.51。盖瓦均经后代更换，已无唐意。檐下方檩一层，端部已被修理时锯短。室内几乎完全为一凹形佛坛所占据，坛上本尊及胁侍、天王等像均系唐塑，仅色彩经后人添补。寺中其余建筑系近代所为，皆无可载叙。

佛光寺位于五台豆村一西向山坡上，入山门经台地二级始达大殿。大殿面西（图 8-10），面阔七间，进深八架椽，单檐四坡顶，建于唐宣宗大中十一年（公元 857 年）。平面柱网排列成二圈，即宋《营造法式》所称之"金厢斗底槽"式样（图 8-11）。外柱上柱头铺作七铺作，双杪双下昂，第一、三跳偷心；昂为批竹形真昂，后尾压草乳栿下。斗拱内转出一跳华拱承月梁明乳栿。补间铺作一朵，以直斗造托双杪。室内施平暗（闇）天花，上草栿架，下明栿。内槽出华拱四跳托四椽明梁（图 8-12）。草栿架平梁上仅用叉手托脊槫，较为少见。由于柱使用了生起和侧脚，故屋檐呈一缓缓翘起曲线，再配合墙体收分，使此建筑显得异常雄丽与稳定。屋顶坡度亦仅 1/4.77，而遒劲的辽式鸱尾与简洁的叠瓦屋脊，更为这殿增添了许多端庄与严肃的气氛。

佛塔之于隋、唐、五代者，就形式有单层塔、楼阁式塔与密檐塔三种；就材料而言，则可分为砖、石与木三种。

图 8-4 甘肃敦煌莫高窟 148 号窟《西方净土变》壁画中唐代佛寺形象

图 8-5 唐长安慈恩寺大雁塔门楣石刻佛殿形象

图 8-6　山西五台唐南禅寺总平面

图 8-7　山西五台唐南禅寺大殿平面

图 8-8　山西五台唐南禅寺大殿剖面

图 8-9　山西五台唐南禅寺大殿立面

103

0 5 10   20m   剖面Ⅰ—Ⅰ   北

祖师塔

大　殿

唐大中幢

文殊殿

唐乾符幢

伽蓝殿

天王殿

Ⅰ

Ⅰ

总平面

大殿正立面   0 1   5m

图 8-10　山西五台佛光寺

图 8-11　山西五台唐佛光寺大殿平面

图 8-12　山西五台佛光寺大殿内景

单层塔中最著名者，为山东历城之神通寺四门塔（图8-13），建于隋大业七年（公元611年）。塔全为石构，平面方形，每边长约7.4米，四壁辟圆券门，塔室中立一方柱，四面镌有佛像。塔顶以叠涩收为方锥形，最上置山花蕉叶石座及刹，全高13米。唐代现存单层砖塔均为僧侣纳骨之墓塔。若河南登封会善寺之净藏禅师塔（图8-14、图8-15），即为世人所熟知者。此塔建于玄宗天宝五年（公元746年），平面八角形，南壁辟圆券门，可进入八角形之塔室。北壁外嵌石碑，述禅师生平。而东南、西南、西北、东北四壁上以砖隐出直棂窗。角隅皆置倚柱，柱上铺作以砖隐出，补间人字拱亦然。其上再以叠涩收为二层塔顶，最上座以宝珠。其他墓塔如山西运城泛舟禅师塔，平面作圆形，塔身亦隐起版门、直棂窗等。山西五台佛光寺祖师塔，平面作六边形，其上、下券门均置火焰形尖拱，且上层倚柱柱身使用束莲形式，都是极有特色的。北京房山云居寺小塔则为方形平面，檐下已不用叠涩而用檐椽与飞子，入口方门楣上施尖拱，门旁各置力士一躯。以上诸例，当可为唐代诸多墓塔之代表。

此时期木楼阁式塔已荡然无存，仅存若干砖构者。如西安兴教寺玄奘法师塔（图8-16、图8-17），建于唐总章二年（公元669年）。塔平面方形，高约21米。外观分为五层，底层塔外壁平素无任何雕饰，每面宽5.2米，南壁置半圆形拱门，经此进入矩形小塔室。二层至五层塔外壁均隐出壁柱、阑额及一斗三升柱头铺作，每面分为三间，均无门窗。各层间施菱角牙子与叠涩构成之出檐。此塔为我国现存最早之砖砌仿木楼阁式塔，又系著名高僧玄奘之墓塔，故堪称珍贵。另一位于唐长安都内慈恩寺之大雁塔亦著闻于世，平面方形，底层每边长25米。高七层，共64米，经塔内木梯可登。但此塔外壁在明季曾经大修，已失原有唐代风貌矣。建于五代钱弘俶十三年（公元959年）至北宋初之苏州云岩寺塔，俗称虎丘塔，平面八角形，外观楼阁式七层，现残高尚有47米。因地基之岩层滑动，塔身已向西北倾斜。原塔刹及第七层已崩毁，现该层系明代所建。塔之平面分为塔外壁、回廊、塔心壁及塔心室数部，各层楼面均以砖券等联为一体。此种平面与构造方式，为我国现知最早之例。塔外壁隐出圆倚柱、壶门、直棂窗、斗拱及平座，回廊及塔心室亦隐出内柱、斗拱、梁栿等。该塔以砖仿木之程度，较之唐初已大有进步。又内部横枋上并有"七朱八白"、如意头等雕饰。

密檐式塔可以西安荐福寺小雁塔为例（图8-18、图8-19），此塔建于唐中宗景龙元年（公元707年）。塔平面方形，底层每边长11.4米，塔身上叠密檐十五层。明嘉靖三十四年（公元1555年），因地震顶部二层及刹被破坏，塔身中部形成裂缝，残高约45米。此塔外观简洁，下未建有台座，底层塔身平素，未施任何装饰。唯各层密檐之上置低矮平座，则为他处所未见。位于我国西南边陲的云南大理崇圣寺，建有南诏至大理时期佛塔三躯，皆为密檐式。其居中者称千寻塔，平面方形，密檐十六层；双塔在其西，八角平面，密檐十层。

石砌之密檐塔以江苏南京栖霞寺舍利塔（图8-20、图8-21）最负盛名。原舍利塔为木构，建于隋开皇时。现塔则改建于南唐，且易木构为石。塔平面八角，高五层，计15米。塔下承

0　1　2　3m

图 8-14　河南登封会善寺净藏禅师塔

图 8-13　山东历城隋神通寺四门塔

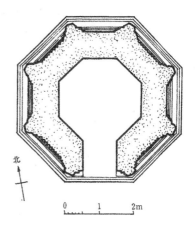

北

0　1　2m

图 8-15　登封会善寺净藏禅师塔平面

图 8-16　西安唐兴教寺玄奘法师塔

图 8-17　兴教寺玄奘法师塔平面图

图 8-18　西安荐福寺小雁塔外观

图 8-19　西安荐福寺小雁塔平面

以较高之须弥座及仰莲座，底层壁面镌刻版门、文殊、普贤及四天王神像等。以上各层塔身置以带佛像之壸门，雕琢均甚为华丽生动，足可列为石塔中之超品。

　　石经幢常于表面刻有《陀罗尼经》，故称为"佛顶尊胜陀罗尼经幢"，系密宗产物，始行于初唐。现存晚期实物有山西五台佛光寺唐大中十一年（公元857年）及乾符四年（公元877年）经幢（图8-22）。以后者为例：幢底为附有莲瓣及壸门之石座；幢身作八角形石柱二段，下段

图 8-21　栖霞寺舍利塔外观

图 8-20　南京栖霞寺南唐舍利塔平、立面

唐大中十一年幢　　　　　　唐乾符四年幢

图 8-22　山西五台佛光寺唐经幢

较粗长，上段较细短，其间隔以刻有垂缨之宝盖。柱顶置八边形屋盖、山花蕉叶及火珠。外观尚称简洁。

就石窟寺而言，隋代开凿者为数不多，且规模不大，如山西太原天龙山之例。若干则仅继前代未竟之功，若龙门石窟之宾阳南洞。其建筑形象有较多特点，当推天龙山凿于文帝开皇四年（公元 584 年）之石窟。前列三间之柱廊，柱头置栌斗，柱间置人字补间。入口之洞门上部亦作为火焰形尖券。室内立中心塔柱，屋顶作覆斗形。总的形制仍与北齐窟相仿。然于以塑像和壁画为主的敦煌石窟中，隋窟占有 1/5。平面大体呈方形，多数于正壁中凿一龛，室内屋顶仍为覆斗形。壁画如 419 号窟人字顶之《须达那本生故事》、420 号窟顶之《法华经变》，都是规模甚大，构图复杂与内容丰富的佳作。此外，如表现各型佛殿的 423 号窟西顶之《说法图》与同窟东顶之《须达那本生故事》，都为当时的佛教建筑描绘了可供参考的形象。其特点是线条流畅，色彩鲜艳。画面底色常用土红，所绘人物、建筑、佛像、山水，施以黑、白、青、绿乃至金色，另辅以起晕，使画面既堂皇而又生动。

唐代所建石窟甚多，龙门诸窟如潜溪寺、奉先寺、看经寺、万佛洞等，俱可列为代表。石窟平面多为马蹄形或矩形，有的附前室。窟内以大像为主，旁列二菩萨、二弟子。室内中心柱已不见。其中最为壮观的当属奉先寺，主像卢舍那佛居中跌坐，全高 17 米，两侧列弟子伽叶、阿难及诸菩萨、金刚，或端丽庄严，或威武雄健，神态各异。窟前原建有九间大殿，现已无存，仅崖壁上尚留有置构件之孔洞若干。唐代依崖凿以大佛像者尚有数例，如建于四川乐山凌云寺者即其知名者——乐山大佛。此像作于玄宗开元元年（公元 713 年），成于德宗贞元十九年（公元 803 年），前后费时达九十年之久。像端坐于岷江畔，通高 71 米，唐时曾覆以崇阁九层。

敦煌唐窟平面作梯形、矩形或有前廊而后室呈方形者。其壁绘之大幅者，常以表现天宫楼阁之佛教建筑为背景，如 217 号窟北壁及 148 号窟东壁之《西方净土变》。亦有描绘各种本生故事者，如 85 号窟南壁《报恩经变》及 159 号窟东壁《维摩变》等。其中所示人物、城郭、家具、器皿等，皆极写实逼真，足为研究当时社会文化之重要参考。如木建筑皆表现木构之柱、阑额、斗拱（一斗三升柱头铺作及人字拱补间铺作）、直棂窗、勾栏等。砖石砌体则有建筑之台阶、铺地、城墙及堞垛等。屋顶大多为附鸱尾之四坡殿堂、两坡廊庑及攒尖之亭阁。至于塑像，其比例与神情更加接近常人形象，摆脱了过去的古拙超俗，而使人对之产生更多的亲切感。若菩萨则雍容华贵，若力神则遒劲威武。其体态、面容、表情与色彩，皆能与所欲表现者恰如其分。是以唐代塑像之佳妙，方之中国古代历朝，未有能出其右者。

其余塑像之见于南禅寺、佛光寺大殿，以及苏州甪直保圣寺者，俱为现存唐塑之佳品。其中保圣寺之罗汉像，据称为唐杨惠之所作，极为难得。

五、陵墓

隋文帝与独孤后葬于太陵。炀帝葬雷塘，后均失其所在而不可考。唐代诸陵多因山而建，如太宗昭陵于九嵕山，高宗与武后之乾陵于梁山皆是。而一般贵族、勋臣则仍就地掘建，如永泰公主墓等。

唐高宗乾陵（图8-23）在陕西乾县西北2.5公里之梁山，依南北纵轴布置。主要入口在南侧，以二天然小丘为双阙，沿神道立石柱、翼马、朱雀、石人等，又有无字碑、蕃酋像及石狮。陵墙大体呈方形，仅西南隅折缺少许。四面中央辟门阙，角隅建角楼，格局仍沿西汉帝陵之旧。

永泰公主墓（图8-24、图8-25）为乾陵之陪葬墓之一。陵墙作南北稍长的矩形，四隅亦设角楼，但仅南墙置门及双阙。神道侧树华表、石人、石狮。经发掘知其斜墓道上有"天井"六处，墓室则分为前、后二室，皆"刀形"平面，穹隆顶。后室西侧置仿木建形式之石椁。墓道与墓室壁面及天花均绘壁画，有出行仪仗、宫廷生活、天体星辰及几何纹样等。墓上夯土台作覆斗形，底边长55米，残高11米。

五代十国王陵可以江苏江宁祖堂山南唐二陵及四川成都前蜀永陵（图8-26）为例。南唐二陵为先主李昪与其后宋氏之钦陵（图8-27）及中主李璟与皇后钟氏之顺陵。平面都由前、中、后三室组成，壁面以砖石隐出柱枋、斗拱，这是和已知唐代陵墓不同之处。

1. 阙
2. 石狮一对
3. 献殿遗址
4. 石人一对
5. 蕃酋象
6. 无字碑
7. 述圣记碑
8. 石人十对
9. 石马五对
10. 朱雀一对
11. 飞马一对
12. 华表一对

0 100   500m

图8-23　陕西乾县唐高宗乾陵平面图

此等仿木构件上均涂彩色，后室顶仍绘天象图。就材料而言，钦陵用石而顺陵用砖，且前者地面凿出江河，是为秦始皇骊山陵形制之尾骥。前蜀王建之永陵地宫未开土圹，而迳置于地面，可谓帝陵中之特例。其墓室构造为使用若干石砌之肋拱，其间再铺以石板，亦属墓中之罕见者。全墓分为三室，中室置硕大且华丽之须弥座以为棺床，其束腰于间柱之间雕刻伎乐浮像，极为优美生动。石床两侧各有甲士像六躯，半身瘗于土内，亦甚威武雄健。

北

1.石狮
2.石人
3.华表
4.门阙残迹
5.角楼残迹

0 10   50m

图 8-24　陕西乾县唐永泰公主墓平面图

图 8-25　陕西乾县唐永泰公主墓剖面透视图

图 8-26 四川成都前蜀王建永陵

图 8-27　江苏江宁南唐李昪钦陵

六、其他建筑

由名匠李春建于隋大业间之赵州安济桥，是为脍炙人口的此期巨构。此桥跨河北赵县南门外洨河上，长37余米。其单孔弧形桥券由并列之28道小石券组成，石间联以铁榫。券高仅7米，故桥坡度平缓，有利车马、人众往来。大券两肩各置小拱二座，借以宣泄洪水并缓解对桥墩的侧向推力，又可使桥头之自重减轻，并且还美化了桥的外观，达到了一举数得的功效。桥上雕龙栏版，虽留存不多，但回首舞爪，意欲腾飞之势，则跃然栏楯之间，极为生动醒目。

七、建筑技术与艺术

建筑构件之预制、装配及尺度之标准化，于隋代已有相当水平。如炀帝时即有"六合城"的设置。据《隋书·礼仪志》载："大业四年（公元608年）炀帝北巡出塞，行宫设六合城，方一百二十步，高四丈二尺。六合，以木为之，方六尺，外面一方有板，离合为之。涂以青色，垒六板为城，高三丈六尺，上加女墙板，高六尺。开南北门。又于城四角起楼敌二，门观、门楼槛皆丹青绮画"。如此则知该城皆由预制木构件组合而成。而后来大业八年征辽时，其规模更大："……夜中设六合城，周回八里，城及女垣合高十仞。上布甲士，立仗建旗。又四隅有阙，面别一观，观下开三门。其中施行殿，殿上容侍臣及三卫仗，合六百人，一宿而毕，望之若真。高丽旦忽见，谓之为神焉。"

就已知唐代木构建筑，其结构甚为简洁，除必要者外，并无多余装饰构件。全用料宏巨，柱、梁、枋、栿率皆粗壮。斗拱亦复雄大，唯限于柱头铺作；其补间仍颇为简单，或施人字拱，或以直斗短柱承出跳甚少之铺作，如佛光寺大殿然。柱有侧脚，墙砌收分，故建筑外观坚实稳固。屋檐则因柱之生起而呈缓和曲线，正脊亦向端部翘起。以致建筑形体虽大，却兼具刚柔之美而无僵直之弊，是为建筑结构与外观结合较为完美的范例。在较大的建筑，如佛光寺大殿中，其内部空间之升高，尚采用多层重叠之斗拱，而未施以较高之内柱。在这方面，则不若宋代建筑之坚固与实用。至于色彩之使用，大抵于木构之柱、枋、门、窗部分涂饰红色，墙面则刷以白垩，形成异常鲜明之对比。屋面多用灰瓦，仅皇家建筑有用蓝色琉璃者。室内、外地面或台基外表常铺花砖，纹饰有荷莲及其他几何图案。

官署、庙宇建筑之内墙面，常绘以壁画。其作者如吴道玄、王维等，皆一时名手。内容或为山水人物，或为佛家故事。其白画、丹青俱技艺高湛，形象生动，并为建筑生色不少。而其他画师若梁洽、释思道（道玄弟子）、范长寿、邵宗武、杨岫之、韩干、陈子昂、刘整、郑法士、王耐儿（亦道玄门下）、尉迟乙僧、皇甫轸、卢楞伽、杨坦等，俱称俊杰。故有唐一季之壁绘，其水平于我国古来可称独步。而此时雕塑艺术之发展，亦非他代所能企及者。因该项艺术与建筑关系不甚密切，故暂予从略。

第九章

两宋、辽、金建筑

一、社会概况

后周太尉赵匡胤利用陈桥驿"兵变"取代柴周，建立宋王朝，史称北宋。中国经五代数十年混乱后，从此得到大体统一。此后维持了九帝的统治，其间与北方的辽、金、西夏不断发生战争。公元 1127 年金兵陷汴京，北宋亡。赵氏宗室赵构避乱江左，建立偏安政权。为保持其自身利益，一直满足于与金人隔淮对峙局面。在其最后亡于蒙元以前，尚延续了 152 年，是为南宋。

北宋初年在削平各地方割据政权，统一了大部国土以后，颇注意休养生息和发展生产。这就使国内的农业、手工业、商业以及人口都得到较快的增长。特别是后来南方的一些沿海城市如广州、泉州等，也随着海外贸易的日益繁荣，成为新的商业、手工业和航海运输的中心。北宋末期到南宋时，由于中原战祸连绵，城乡残破，经济遭受很大破坏，致使全国的经济重心，转移到了南方，特别是东南一带。这个格局，一直保持和延续到以后的各个朝代。

游牧于我国北境的契丹民族和女真民族，此期已逐渐强盛，并先后成为宋王朝致命的政治竞争对手。赵氏政权在战争中屡遭失败，不思振兴国力与改革弊端，反以纳贡图和谋求苟且偷安，其结局都以为外族攻灭而告终。

在社会思想方面，有宋一代儒家仍占上风。南宋时，以朱熹为代表的理学抬头，给后世影响至大。宋代帝王大多推崇道教，但佛教之信仰仍居全国之首，并兴建了大量的寺、塔、石窟，伊斯兰教又因海上贸易而传到我国南方，并在沿海一带形成了一定势力。

宋代统治阶级一贯满足于苟且偷安与奢靡享乐，社会风习亦日趋庸俗低下。举国无进取之心，朝野乏宏图之志。贪暴横行，纪崩律败，赋役苛繁，民心怨愤。以致外忧与内患俱作，终于不可收拾。

契丹原是我国北方游牧民族，其太祖耶律亿（又名阿保机）统一各部，于公元 10 世纪初称雄北域。至太宗耶律德光获后晋石敬瑭献幽、蓟十六州后，势力已扩展到今日河北、山西北部一带，遂于大同元年（公元 947 年）正式建国，国号大辽。

契丹民族原来文化不高，但自太祖时即注意吸收汉族文化。神册五年（公元 920 年）始创文字。而其后所营都邑、宫室、寺观等，举凡制度、形式均依中原。在社会思想方面，佛教仍然得到统治阶级的提倡而广泛流传。此外，尊孔尚儒亦得到相当的重视。如太祖于神册二年即诏建孔庙，四年又亲往庙中拜谒，俱载《辽史》本纪。总的来说，辽代文化前期受唐之影响甚大，后期则又受北宋文化之濡染。就其建筑而言，内中所反映的契丹民族特点，并不十分明显。

公元 1125 年金军陷中京。辽主北狩，未几，辽亡。

居住在我国东北的女真民族亦以游牧为生。其崛起较契丹为晚，至公元 1115 年始建立正规政权，国号金。女真族文化亦远不逮中土，故对汉文化仍以吸收为主。公元12世纪上半叶兴兵灭辽，遂有其地，版图已扩及黄河中、下游。不久又灭北宋，而与南宋以江、淮为界分庭抗礼。

金代文化主要受两宋熏陶，此外也有若干辽代之影响。

13世纪初，蒙古族日臻强大，屡次南下攻掠金地，金人惶恐，数迁都以避其锋。公元1234年元军陷南都汴京，金灭。

二、城市

北宋因后周都城汴梁为京师，或称汴京（图9-1），而以洛阳为西京。汴梁旧为唐汴州城，后周时曾予以宏扩，周围二十里一百五十五步。至北宋因经济发展与人口增加，遂于真宗大中祥符九年（公元1016年）七月筑新城，周围"五十里一百六十五步"。故北宋汴京有外郭（新城）、皇城（旧城）和宫城（大内）三重，均由城壕环绕。宫城位于皇城内偏北，周围五里。南面设置三门（左掖、丹凤、右掖），其余各面只设一门（东曰东华，北曰玄武，西曰西华）。皇城南三门（东保康，中朱雀，西崇明），东墙二门（北望春，南景丽），西墙亦二门（北阊阖，南宜秋），北墙三门（东安远，中景龙，西天波），共十门。郭城南垣三门（东宣化，中南薰，西安上），东垣二门（北含辉，南朝阳），西垣三门（北金辉，中开远，南顺天），北四门（西永肃，中通天，东长景，次东永泰）。因漕运及城市用水、排水需要，引蔡河（惠民河）、汴河、五丈河（广济河）及金水河等四水入城，并于城垣处建置水门。诸河中以汴河尤为重要，每岁漕运米粟可达六百万石，约占诸河总量六分之五，其他日用百货亦不可胜数。据记载河上架桥十三座，宋画《清明上河图》中，所描绘之多边形木架构虹桥，即为汴河上重要津梁之一。而画中有关舟船运输及沿河市街景象，亦为研究汴京市容的绝好资料。他如蔡河上亦有桥十一，五丈河桥五，金水河桥三。[1]

城市之主道为南北向，自宫城南墙中央之丹凤门起，经皇城南垣中门朱雀门，直抵郭城之南薰门，亦与汴京城的主轴线重合。其余城门均有大街通达，见于文献者有潘楼街、曹门大街、汴河大街、西大街、金梁桥街、牛行街等。此时之街道，已于两侧设置商店、民居，无复汉、唐之封闭式街坊矣。集中之东、西市亦已取消，各行业则依地段或街巷相对集中。为了便于管理，京城内将民居划分为八厢一百二十坊，由厢军巡护。城外则有九厢十五坊。由于城内市廛密凑，居民已有百万家，为了防止火灾，在若干地点建立望火楼，有专人登高瞭望，发现灾情，立即报警施救。

据孟元老《东京梦华录》载，汴京城门除南薰、新郑（即顺天）、封丘（即永泰）、新宋（即朝阳）四正门因有御道通过，故瓮城（图9-2）采取直门二重以外，其余各门皆瓮城三重，屈曲开门。现实物虽已不存，然自文献中尚可一窥此种城防设施之大概。御道专供皇帝使用，二侧辟水沟相隔，沟中种有荷花。城内行道树栽以果树，沿河则夹植榆、柳，兼有巩固堤防之利。

皇城内东北隅，为著名的皇家园林艮岳所在。郭城西墙外，尚有金明池及琼林苑等苑囿。

---

1 宋·王瓘《北道刊误志》。

图 9-1　北宋东京（汴京）平面想象图

宋《事林广记》中东京瓮城

宋《景定建康志》中瓮城

图 9-2　宋代瓮城

私家园林则多位于东南之宣化门（又称陈州门）一带。

此时也出现了一些称为"瓦子"的不固定市场，往往是日出而集日落而散，除了临时摊贩，还有卖艺、杂耍等。规模较大的设于皇城的景丽门、保康门内，以及崇明门、闾阖门外，或在大的寺庙如大相国寺前。

宋立洛阳为西京，基本依唐、五代之旧。城垣亦有三重，京城周围五十二里九十二步，南墙三门（中门定鼎，东门长夏，西门厚载），东墙亦三门（北称上东，中称罗门，南称建春），西墙一门（关门），北墙二门（东门安善，西门徽安）。皇城周长十八里二百五十八步，南垣三门（中端门，东、西为左、右掖门），东垣一门（宣仁），西垣三门（北应福，中开化，南丽景），但未有言及北垣者。宫墙周围九里三百步，南三门（中五凤楼，东兴教，西光政），东一门（苍龙），西一门（白虎），北一门（拱辰）。宫城东、西各有夹城广三里余，并置二门。东侧北门称启明，南门称宾晖；西侧北门称乾通，与皇城西垣中门开化遥对；南门称金曜，与皇城西垣南门丽景相直[1]。

大中祥符七年（公元 1014 年），曾建应天府为南京。庆历二年（公元 1042 年）又建大名府为北京，于本文皆略而不录。

宋室南迁后，高宗建炎三年（公元 1129 年）拟以临安为行都。嗣因金兵来袭，仓促未能以决。至绍兴初局势渐定，遂依此为都。按临安城于隋为杨素所创，城垣略作南北长、东西狭之矩形，周围三十六里九十步。有城门十二。东垣六门，曰：便门、保安、崇新、东春（或作"青"）、艮山、新门。西垣四门，曰：钱湖、清波、丰豫、钱塘。南垣一门，曰：嘉会。北亦一门，曰：余杭。另建水门五：东三门，名保安、南水、西水；北二门，名天宗、余杭。[2]五代吴越钱镠时又筑杭州罗城，周七十里。城门已知者有七：东墙四门，曰：竹车、南土、北土、保德；西墙二门，曰：涵水、西关；南墙一门，曰：龙山；北墙亦一门，曰：北关。[3]依南宋·吴自牧《梦粱录》，知临安"水门皆平屋，其余旱门皆造楼阁"云云。

城内共划为八厢，除宫城外，余七厢俱为民居。共有坊里六十八，大体以一巷为一坊。如天庆坊在天庆观巷，保民坊在吴山庙巷等。城内河道纵横，故桥梁亦多。据周淙《乾道临安志》及洪迈《夷坚志》等地志、笔记所载，共有大、小津梁七十五处，实际恐尚不止于此数。

宋代地方城市至今保存较完整者，莫若平江府城（即今日江苏苏州）。依现置府文庙内刻于南宋理宗绍定二年（公元 1229 年）之《平江图》碑，得知当时此城情况与目前相差无几。府城平面作南北较长之矩形（图 9-3），垣外建以马面，周以城壕。置城门五处，东墙二门：

---

1 《宋史·地理志》。

2 《九域志》。

3 《资治通鉴》。

图 9-3　南宋平江府城示意

北为娄门，南为葑门；南墙西端一门，是为盘门；西墙之北为阊门；北墙东侧为齐门，各门均附水门，皆与现有城门位置一致。子城位于府城中部略偏东南，亦建有城墙及角台。南墙偏东为主要门道，由此可至府衙；另一在西墙，供仓廪、教场所用。河流自水门入城后，即分流为若干与城内街道平行之水道，纵横交错，形成水、陆二组交通系统，极具江南水乡城市风貌。水上架桥甚伙，总数在三百座以上。其余城中之名胜古迹，若城北之报恩寺与玄妙观，城东之罗汉院双塔，西南隅之府文庙、沧浪亭及瑞光寺塔等，皆与现存旧构位置雷同，可证此图所刻皆属可靠。

辽设五京。上京临潢府（今内蒙古巴林左旗林东镇附近之波罗城），为辽首都所在。中京大定府（今内蒙古宁城县境内），又称大明城，为辽中期至末之国都。南京幽都府，后称析津府（今北京西南），原为唐代幽州府，规模之大居五京首位。西京大同府（今山西大同）。东京辽阳府（今辽宁省辽阳市）。

上京临潢府城始筑于太祖阿保机神册三年（公元 918 年），时名皇都。太宗耶律德光天显十三年（公元 938 年）改称上都，都垣周匝二十七里。据《辽史》所载，都城[*]有城门六：东称迎春、雁儿；南为顺阳；西列金凤、西雁儿、南福。皇城在北，墙高三丈，并设楼橹，四面

---

* ［整理者注］此都城应即为后文所谓之汉城。

各开一门。南门大顺，东门安东，北门拱辰，西门乾德。城内置官署、仓库、国子监、孔庙及寺院多所。宫城又在皇城之内，称大内。南面正门称承天，东、西面各有东华门、西华门。皇城之南又有汉城，以处外国信使、回鹘商人及一般居民。依中华人民共和国成立后考古调查，上京平面呈日字形，轴线方向西北—东南。宫城作方形，每边约长五百米，位于皇城中部稍北。皇城平面亦近于方形，约 2200 米 ×2000 米，唯西、南二角稍缺。其东南与汉城相接，余三面城墙均施马面，城门亦设瓮城。汉城平面矩形，约 2300 米 ×1500 米 *，墙不施马面，亦未见瓮城。[1]

金代亦置五京。其北京临潢府，即沿用辽之上京。西京大同府亦然。上都会宁府（今黑龙江阿城），或称上京。南都因北宋汴京之旧，贞元元年（公元 1153 年）称南京府。

中都大定府（今北京城西南），与辽南京析津府基本重叠，海陵王天德三年（公元 1151 年）迁都于此。中都大定府平面基本呈方形，有城门十三。东墙有施仁、宣曜、阳春三门。南墙则为景风、丰宜、端礼三门。西墙又有丽泽、灏华、彰义三门。北墙四门，依次为会城、通玄、崇智、光泰。皇城与宫城在都城中部略偏西南，联为一体，依《金图经》，知周长九里三十步。皇城南门称宣阳门；宫城四面各开一门，南应天，东宣华，北拱辰，西玉华。宫城前沿南北驰道施千步廊，两侧各二百余间，分为三段，每段自设一门。廊至宫城前转向东、西，又各有百余间。廊顶及宫殿门屋俱施绿琉璃瓦。沿驰道则植柳树。

---

* ［整理者注］据《中国大百科全书》考古学卷，皇城面积约 1900 米 ×1700 米，汉城为一梯形，面积约 1800 米 ×1300 米。

1《考古学报》1958 年第 2 期。

三、宫殿、苑囿

北宋汴京宫城称大内。南垣中门初依五代后梁、后晋之旧，仍称明德门。太宗太平兴国三年（公元978年）改为丹凤门，雍熙元年（公元984年）易名乾元。仁宗明道二年（公元1033年）再改称宣德楼。其内正门为大庆门，门内"正殿曰：大庆；正衙曰：文德"。"大庆殿北有紫宸殿，视朝之前殿也。西有垂拱殿，常、日视朝之所也。次西有皇仪殿，又次西有集英殿，宴殿也。殿后有需云殿，东有升平楼，宫中观宴之所也。宫后有崇政殿，阅事之所也"[1]。以上为主要殿堂。其他散见于史籍者，尚有景福、延和、延庆、仁安、纯和、福宁、安福、观文、庆云、玉京、资政、崇和、宣德、述古、群玉、蕊珠、嘉德、延康等殿，皆在禁中。

北宋大内供政务活动之主要殿堂为大庆、文德、紫宸、垂拱四处，均屡见于公私史料而殆无疑义矣，然其确切位置尚欠端详。大庆殿于五代朱梁时即为宫中正殿，时名崇元。尔后石晋、刘汉、郭周诸朝均沿而弗更，用为正月朝贺及册封大典之所。宋太祖乾德四年（公元966年）易额乾元。泊仁宗明道二年至康定年间（公元1033—1040年），方最后定名大庆。依记载知此殿在宣德楼与大庆门之后，亦宫城之主轴线上。北宋仁宗景祐年间（公元1034—1038年），已建为面阔九间及两侧各附挟屋五间之宏伟建筑。其北为紫宸殿（旧名崇德殿，改称于仁宗明道元年，即公元1032年）。而文德殿（宋初为文明殿）与垂拱殿均在其西。据叶少蕴《石林燕语》载："紫宸与垂拱之间有柱廊相通。每日视朝，则御文德，所谓过殿也"。由上可知北宋大内之主要四座殿堂，并未置于同一南北主轴线上，而是大体分为平行的两组建筑。此种布置与唐大明宫之含元、宣政、紫宸三殿（系附会周代"三朝"之制）形式不侔，窃意以为或因袭曹魏邺城宫殿格局，亦属可能。又宋、金之世，其规制特别隆重之建筑，常采用工字殿平面。如抗日战争前调查之河南济源济渎庙，正殿渊德殿建于北宋太祖开宝六年（公元973年），其面阔七间，两侧各附挟屋三间，形制与前述大庆殿相仿，唯等级不逮耳。此殿与其后之寝殿（面阔五间），联以三间之廊，适成上述之工字形平面。由此观之，大庆殿与紫宸殿以及文德殿与垂拱殿之间有无其他建筑联系，是一个值得研究的问题。

在其他殿堂中，福宁殿（宋初称万岁殿，仁宗明道时为延庆殿）系宫中正寝，稍北之柔仪殿是为后寝。寿康、崇庆、隆祐、慈徽等殿为太后居所。举行宴谶之地，除前述之集英殿外，尚有大明殿（太宗淳化元年——公元990年改称含光殿）、长春殿、崇政殿等。宫中建筑以阁

---

1 《宋史·地理志》。

名者，为数亦复不少，如延春、感真、翔鸾、仪凤、延羲、玉华、龙图、天章、显谟、徽猷、宝文……或供起居游息，或贮书画御集。诸帝墨翰，每建专阁以藏，此种风尚，尤以徽宗时达到极盛。

宋内廷藏书，始于建隆之世。及太祖、太宗削平诸国，输其府库图籍于京师，又诏命天下士民献鬻，于是珍希继出，群帙毕至。太宗以旧馆湫狭，遂于太平兴国三年（公元 978 年）就左升龙门外，新建崇文院三馆以庋，"其制皆亲所规划，轮奂壮丽，甲于内庭"[1]。端拱元年（公元 988 年），另在院中置秘阁，纳天文、占术诸书及古人墨宝与御制诗文等。真宗咸平二年（公元 999 年），又将三馆录写之四库书各一套，分贮禁中之龙图阁及后苑之太清楼内，遂肇此类典籍御藏之先声。

后苑在大内之北端，有东门称宁阳，自景福殿西序可以入苑。苑内积土石为山，引流泉曲沼，植幽花异木，间以楼台亭榭。据《宋史·地理志》记苑中有明春阁，高逾三百一十尺[*]。其后依城墙累土为丘阜，因上植杏，故名杏岗。又立竹万竿，并引水亘曲其下。此外，苑中尚建有流杯殿。

除上述朝觐与起居建筑，宫城另置道观若干，均称为宫。如真宗时所立之延福宫、广圣宫，以及徽宗时之玉清神霄宫及上清宝箓宫等均是。除奉道教神像外，又供诸帝御容其中。

依《宋史》真宗纪，景德二年八月帝"幸南宫及恭孝太子宫"，大中祥符元年五月及四年八月复至南宫视高平郡王惟叙及南康郡王惟能疾。考此二人皆太祖第四子秦王德芳之后，故南宫当系秦王之府邸，或径在禁中亦未为可知。再据张之甫《可书》："……于皇城之北建大第，以居诸王，谓之蕃衍宅"。而《宋史》诸帝本纪中所载之"北宅"，当即处矣。

两宋帝王出幸巡狩之风，已不若汉、唐时。故于各地建造之离宫别馆，数量与规模均已大减。以北宋诸帝为例，其平日所幸园苑，多在都城附近，如迎春苑、琼林苑、北园、玉津园、金明池、潜龙园、金凤园、含芳园等。或供禊宴赛射，或观龙舟水戏，其中尤以玉津园与金明池最为有名。玉津园在京师南垣外，太祖时即已屡幸，除宴射外，又为刈稼、观鱼之地。估计园中较为空旷，自然景物较多。金明池位于城东朱明门外道北，太祖乾德元年（公元 963 年）始募工凿此池，引蔡河水注之，并选遴水军战船习战于此，以备南征，故称"习战池"，又称"新池"或"教船池"。至开宝六年（公元 973 年）更名"讲武池"。太宗太平兴国三年（公元 978 年）江南已平，遂下诏改凿此池，建为御苑，并易称金明。七年池中水心殿落成，帝率群僚幸临并泛舟

1 清·毕沅《续资治通鉴》卷九。
*[整理者注] 按袁褧、袁颐《枫窗小牍》为一百一十尺。

游焉。此苑周围约九里，园池景物可自宋画《金明池夺标图》得知梗概。池面大体呈方形，周以整齐砖石驳岸，沿水植杨、柳等树木。左侧有建于高台之殿堂及临水之台榭，另循拱形木桥可抵池中央之环形水殿。右有亭阁及高屋数间，当为停泊龙船之船坞所在。此图系名家工笔所绘，其比例、形象俱极为逼真，与一般所见之文士写意者不可同日而语，是迄今为止表现北宋皇家苑囿形象的上佳孤品。其于建筑历史与艺术之价值，当可与张择端之《清明上河图》媲美。此外，孟元老所撰之《东京梦华录》中，亦多有记载。

及徽宗之世，土木之功更见频剧，其中屡见于史籍并为后人所针砭者，乃建于皇城东北隅之艮岳。此苑始创于政和七年（公元 1117 年），位于上清宝箓宫之东，原名凤凰山，后改万寿山。亦因地处京师之艮位，遂以为名。周围十余里，苑内积土叠石，辟为悬崖峡谷，其最高处拔地九十步。又为坡坨丘壑，间以池沼、溪涧、沙洲，并盛植竹木、花果、藤萝、苇蒲，野景逸趣，俨若天成。园中所置奇葩异树与怪石灵峰，乃经年罗致于天下而不遗余力者，即得自所谓"花石纲"是也。据史载峰石之佳巨者，多出江南太湖一带。其致送京师，舟浮车载，挽以千夫，途中甚至凿河、决堤、断桥、穿壁，亦无所惜。苑中又构诸多亭、台、殿、阁，若介亭、萼绿华堂、八仙馆、揽秀轩、龙吟堂、噰噰亭、绛霄楼、巢云亭、倚翠楼等，不下数十处，亦皆尽一时之工巧。后靖康间金兵围城，"钦宗命取山禽、水鸟十余万尽投之汴河，听其所之。折屋为薪，凿石为炮，伐竹为箆篱。又取大鹿数百千头，杀之以啖卫士"[1]。极天下之力经营十余载之一朝名苑，就此化为尘土。

至于一般达官、贵胄、名士、富贾园林，据前述《枫窗小牍》所载："州南则玉津园西去一丈佛园子、王太尉园、景初园。陈州门外，园馆最多，著称者奉灵园、灵嬉园。州东宋门外，麦家园、虹桥王家园。州北李驸马园。西郑门外下松园、王太宰园、蔡太师园。西水门外，养种园。州西北有庶人园。城内有芳林园、同乐园、马季良园。其他不以名著约百十，不能悉记也"。所录虽仅有园名而缺乏实际内容，但由当时社会竟尚奢华，标榜巧异之风气看，此类园墅的基本特点当和皇家苑囿相仿，仅规模及奢华不逮耳。

南宋建都临安，因天下扰乱，兵事频繁，又受人力、物力限制，故高宗仅"以州治为行宫，宫室制度皆从简省，不尚华饰。垂拱、大庆、文德、紫宸、祥曦、集英六殿，随事易名，实一殿。重华、慈福、寿慈、寿康四宫，重寿、宁福二殿，随时易额，实德寿一宫……天章、龙图、宝文、显猷、徽猷、敷文、焕章、华文、宝谟九阁，实天章一阁"[2]。按此州治原为吴越钱氏宫室所在，故葺治时尚稍有规制可循也。然依陈随应《南渡行宫记》，宫中主殿垂拱殿"五间十二架，修

---

1 《宋史·地理志》。

2 同上。

六丈，广八丈四尺。檐屋三间，广修各丈五。朵殿四，两廊各二十间，殿门三间"。与之北宋宫室相较，其天壤之别显而易见。

后高宗力抑北伐之功，曲纳求和之议，而以割让淮河以北诸州，并岁输银、绢各二十五万为条件，取得与金人暂时之妥协。其不欲徽、钦二帝南归之心，自是昭然若揭。朝廷既无北图恢复之志，上下复萌苟且享乐之风，于是宫室、宅邸、苑囿、园池，遂有建树者。如高宗绍兴三十二年（公元 1162 年），于临安就秦桧旧第建新宫名：德寿[1]。退位称太上皇，即居于此。因宫在大内北望仙桥，故又谓之"北内"。孝宗淳熙十六年（公元 1189 年）易名重华。又若建于淳熙初之选德殿，本用作射殿，而《宋史》孝宗纪又载帝曾观蹴球于此。太子所居东宫在丽正门内，建于高宗绍兴三十二年，孝宗、光宗皆曾藩居于此。

皇家苑囿之于临安者，以玉津园最为有名。此园在嘉会门外南四里，建于高宗绍兴十七年（公元 1147 年）。其年五月金遣使完颜卞等来贺天申节，帝即款迎宴射于此。终高宗之世临幸者五，孝宗凡十七，光宗仅一，此后正史遂无有记载。聚景园位于临安城西天波门北，缘西湖之东岸，孝宗时屡奉太上皇及太上皇后游幸，正史所载即达十二则之多。后光宗、宁宗亦仿此故事，唯幸临数差少。其余见载者尚有东园（一说即聚景园之别名）、集芳园等。集芳园在葛岭水仙庙西，建于高宗时，后归太后。理宗景定三年（公元 1262 年）二月赐贾似道。园中"古木寿藤，多南渡以前所植者，积翠回抱，仰不见日。架廊叠磴，幽眇透迤，极其营度之巧……架百余楹。飞楼层台，凉亭燠馆，华邃精妙。前揖孤山，后据葛岭，两桥映带，一水横穿，各随地势以构筑焉"[2]。其中亭馆多悬高宗、理宗等书匾额，尤为可贵。

临安诸权贵园墅为数可以百计。若韩侂胄之南园，亦为太后所赐。其园"凿山为园，下瞰宗庙，穷奢极侈，僭似宫闱"。内中"为阅古堂，为阅古泉，为流觞曲水。泉自青衣下注于池，十有二折，旁砌以玛瑙。泉流而下，潴于阅古堂，浑涵数亩。有桃坡十二级，夜宴则殿岩用红灯数百，出于桃坡之后以烛之……又慈福以南园赐，有香山十样锦之胜。有奇石为十洞，洞有亭，顶画以文锦……"[3] 后侂胄覆败，此园被收，改名庆乐，事见《齐东野语》。

其余如望仙桥内侍蒋苑使宅园、洪福桥和王杨存中宅园等，俱一时之胜。等循以下，则无可数计矣。

契丹宫室最早见于记载者，为太祖阿保机开平二年（公元 908 年）建于皇都之明王楼。此楼于七年被焚，八年冬于其旧基上建开皇殿。以上诸事均载《辽史》太祖纪。至天显元年（公元 926 年）太祖平渤海后，"乃展郛郭，建宫室，名以天赞。起三大殿曰：开皇、安德、五銮"。

---

1 南宋·李心传《建炎以来朝野杂记》乙集·卷三。

2 南宋·周密《齐东野语》卷十九。

3 南宋·叶绍翁《四朝闻见录》戊集。

此时之开皇殿，系就原址扩郭抑或易址重建，史录不详。嗣太宗即位，诏令蕃部，并依汉制，御开皇殿，辟承天门受礼。改皇都为上京。会同三年（公元940年）更于皇城西南堞上建凉殿。

会同元年（公元938年）太宗升幽州为南京，以后诸帝常巡幸临莅。其宫室除太宗时已建之元和殿、昭庆殿与便殿等，以供殿试进士、谯宴群臣及接见外国使节外，见于文记的尚有五凤楼、嘉宁殿、百福殿等。

辽中京宫殿营于圣宗统和二十七年（公元1009年）。其主殿名昭庆，凡奉册上尊号、改元等大典，均于此殿举行。武功殿系辽主所居，文化殿则以处辽后。观德殿纳先帝诸像，会安殿则用以祭祖。永安殿时供试进士、策贤良。此外，宫内尚有延庆殿、乾文阁等，均散见《辽史》诸纪。

辽代帝王之出巡游猎活动，似较宋室为多。依《辽史·营卫志》，知辽主每于渔猎、避暑、违寒之地设牙帐，以为四时行在，称之"捺钵"。如"春捺钵"在长春州之鸭子河泺，系春季捕鱼及猎天鹅所在。"夏捺钵"多在吐儿山，为夏季避暑纳凉之地，每岁四月中来，至七月方去。又常与群臣会商国事于此。"秋捺钵"在永州西北五十里之伏虎林，就地射鹿猎虎，岁以为常。"冬捺钵"在永州东南之广平淀。因周围皆沙碛，又多榆柳，冬日较暖，故驻跸此间。有殿名省方及宁寿，"皆木柱竹榱，以毡为盖，彩绘韬柱，锦为壁衣，加绯绣额。又以黄布绣龙为地障，窗槅皆以毡为之，傅以黄油绢。基高尺余，两厢廊庑亦以毡盖，无置门户"。帝在此越冬，间召集权贵近臣议政，或接见外国礼贡来使，或谯宴、讲武，不一而足。然据《辽史》诸帝本纪，所载御幸观鱼、射猎、清暑……之处所甚众，如观渔在土河、潢河、泲水、鸭绿江、桑干河、玉盆湾……射猎在炭山、秋山、赤山、玉山、白鹰山……其避暑地尤多，若冰井、炭山、七金山、缅山、孤树淀、永安山、散水源、拖列古、特礼岭等，但均未载建有诸多正规离宫别馆如中原者，此实与其原系游牧民族之习惯有关耳。

金上京会宁府为女真最早建都处，其宫室有构于太宗天会三年（公元1125年）之乾元殿，熙宗天眷元年（公元1138年）改称皇极殿。建于天眷初有朝殿敷德，其余尚有延光门、霄光殿（寝殿）及稽古殿（书殿）等。皇统间则有凉殿、延福门、五云楼、重明殿、东华殿、广仁殿、西清殿、明义殿、龙寿殿、奎文殿等。海陵王贞元二年（公元1154年）迁都于燕。正隆二年（公元1157年）诏令尽毁此间宫殿、宗庙及诸宗贵府邸。虽以后世宗大定二十一年（公元1181年）再予复廓，然已无复旧日规模矣。

中都宫室为有金一代之最盛者，自海陵以下至世宗、章宗均有所构筑。其如紫宸殿系世宗即位之处，大安殿以授宝册或殡大行皇帝梓棺，泰和殿用册皇后又款宴百官，庆和殿诞辰受贺及应对群僚，临武殿供赐饮击鞠，贞元殿召见外国使臣。其他知名者尚有睿思、鱼藻、神龙、福安、仁政、广仁、厚德、瑶池等殿，于此未能一一尽述。

海陵王贞元元年以汴京为南京，正隆三年（公元1158年）十一月"诏左丞相张浩、参知政事敬嗣晖营建南京宫室"[1]。王性好奢华，所起土木之功，俱不殚人力、物力。是以史文有载："至营南京宫殿，运一木之费至二千万，牵一车之力至五百人。宫殿之饰，遍傅黄金，而后间以五彩。金屑飞空如落雪，一殿之费以亿万计，成而复毁，务极华丽"。语简意赅，谅不为过。以汴京自五代迄宋，数为帝都，虽经靖康之役大受残破，其大内旧有格局依然可寻。故正隆之后，宫室、楼台恢廓兴造规模与速度，均已超越上京、中都。《金史》中称："宫城门南外门曰：南薰……"，记载是否有误，尚待考证。但宫殿部分自具有"门五，双阙前引"之承天门开始，则应无疑问。由此直北，各门殿之顺序为：大庆门、大庆殿（正殿）、仪德殿、隆德门、隆德殿、仁安门、仁安殿、纯和殿（正寝）、福宁殿及苑门，均排列于一中轴线上。其中仁安门以南诸殿门，当系朝廷所在；而仁安门以北，则属后宫。宫中之库局、卫司，大抵位于仁安门以东，自成一区。太后所居之寿圣宫亦在宫东，即安泰门左近。

后苑主殿曰：仁智。有巨太湖石二，左称：敷锡神运万岁峰，右称：玉京独秀太平岩。当系大观、宣和旧物。殿东有仙韶院，院北叠山名：翠峰，有洞壑。峰左、右列长生、涌金、蓬莱、浮玉、瀛州诸殿。

寿圣宫东另辟小苑，专供太后游息，所建苑殿名曰：庆春。

然史载之金代御苑，尚以中都附近为多。如熙春园、西苑、广乐园、北苑、芳苑等，或射柳、击鞠，或观灯、饮宴。其于郊外稍远者，有玉泉山、香山诸地，章宗时临幸尤频。

至于行宫，所见不多，于都南、石城、玉田均有设者。

---

1 《金史·海陵纪》。

四、佛、道建筑

宋代帝王虽屡有提倡道教者，若真宗、徽宗之辈。然民间之信奉佛教，犹益盛而弗衰。全国各地兴建寺塔、开凿石窟之风，不亚于北魏、隋、唐之际。神宗时，全国寺观达四万余所，僧尼、道士、女冠二十五万余人。

汴京皇城内东南隅之大相国寺，即为当时最负盛名之佛刹。寺始创于北齐天保六年（公元555年），时称建国寺，后废。唐中宗神龙二年（公元706年）僧惠云复之。睿宗景云二年（公元711年）赐额：相国寺。北宋太宗至道（公元995—997年）中御题寺额曰：大相国寺。其极盛时计有门、殿、阁、塔六十余院。主要建筑有大山门，五间三空，上建门楼，内置铜罗汉五百尊。二山门亦五间，塑四天王像。大殿二侧设翼廊通两庑，为宋代重要建筑的常见形式。殿后有资圣阁，建于唐玄宗天宝四年（公元745年）。又构二塔，东塔曰：普满，唐肃宗至德二年（公元757年）造；西塔曰：广愿，宋哲宗元祐元年（公元1086年）立。其余建筑另有仁济殿（宋仁宗天圣八年，公元1030年建）、宝奎殿、琉璃双塔等。据孟元老《东京梦华录》等文献所载，相国寺每月开放五次，许四方商贾麇集寺中，依廊庑、院庭设肆交易。举凡珍禽奇兽、日用杂物、饮食茶果、图书古玩等，无不毕具。又于寺前置棚摊，陈说唱、百戏、杂耍。届时都内士女人众云集，摩肩接踵，络绎不绝。寺内殿阁中所绘经变与壁塑楼台、人物，以及历代所藏帝王、名士手迹，尤为游人所叹为观止。

宋汴京著名梵刹，尚有开宝寺。其于唐为封禅寺，太祖开宝三年（公元970年）改建，殿堂、廊庑计二百八十处。太宗端拱间又延名匠喻皓建八角十三级木塔，惜毁于仁宗庆历时。皇祐元年（公元1049年）于其东另建同型琉璃塔，至今犹存，俗称铁塔者是也。他如太平兴国寺、天清寺，俱一时之最。

现遗宋代佛寺较完整者，首推河北正定之隆兴寺（图9-4）。此寺在隋称龙藏寺，北宋太祖开宝四年（公元971年）重修，至今已有千年历史。寺中建筑经历代兴废，宋时遗构仅余摩尼殿、转轮藏殿及大悲阁三处。

摩尼殿（图9-5）面阔七间，进深六间。就平面而言，山面之二次间窄于其他各间，此种布置极为少见。殿身墙面均未开窗，而于每面中部各置龟头屋（即抱厦）一处，殿内光线即由此处及置于斗拱间之直棂小窗透入，故内部照度甚暗。屋顶为重檐歇山，显为清代式样。斗拱均施五铺作之单杪单下昂，昂头与下斜之耍头均作批竹形，颇具时代特征。又补间铺作俱用斜拱，当心间施二朵，次间一朵，于宋代遗物中罕见。

转轮藏殿（图9-6）在摩尼殿北面西侧，实际为二层之阁，面阔与进深俱为三间，但下层向前延出一间。殿内因置轮藏（图9-7），故将中列内柱外移，以构成六边形内槽。上、下层

图 9-4 河北正定隆兴寺总平面

图 9-5 河北正定隆兴寺摩尼殿外观

图 9-6 河北正定隆兴寺转轮藏殿外观

图 9-7 河北正定隆兴寺转轮藏殿轮藏

柱交接处用叉柱造联结。平座斗拱五铺作，外出双杪。上檐斗拱五铺作，单杪单下昂，耍头亦做成下斜批竹形，其后尾延至平槫下作为托脚。脊槫两侧并施叉手。屋顶亦为清式歇山。

大悲阁（即慈氏阁）位于转轮藏殿东，与之隔广庭相对，外观形式基本雷同。阁内原置观音大士像一尊（现已佚），故内部柱网未加更动。

寺后之佛香阁高 33 米，三层五檐；两侧另附挟殿，乃寺内最高大之建筑，除部分柱、梁、斗拱为宋季原物外，大部皆重修于近代。阁内供奉之千手（实际四十二臂）千眼观世音镀金铜像，铸于肇寺之开宝四年。像通高 24 米，造型端慈，装銮精丽，为不可多得之艺术佳作。且又系该寺之最早遗物，并属我国现存之最大古代铜像，故堪列为国家瑰宝。

就寺之总体布置而言，其主要建筑均依寺之南北中轴线排列。但未建有佛塔，而于寺后矗立高百尺之楼阁。此种制式，与我国早期佛寺以塔院为主之风格大相径庭，而与传统之多重庭院式宫室或住宅布置相类似，尔后竟成为中国佛教寺院平面之主流。该寺之布局，可为宋初时此类佛寺已经成熟之明证。

位于河南登封嵩山下之少林寺，始创于北魏孝文帝太和年间，自达摩禅师驻锡后，即成为我国佛教禅宗名刹。隋、唐之际，此寺规模更见宏阔。然其早期建筑，俱已无从考据，目前所余仅初祖庵大殿一处，为最有建筑历史价值者。

庵在寺西北约一公里，相传为达摩禅师面壁之所。现存大殿面阔三间，进深亦三间（六椽），建于北宋徽宗宣和七年（公元 1125 年）。此殿内、外共用八角形石柱十六根，其后槽内柱因佛座关系，向后移动约一椽架，亦即宋《营造法式》移柱造做法。殿前所施踏道，系东、西二列相并，又于其间加一较垂带石为宽之石条，似为后世所谓陛石之先声。檐柱俱有明显升起，阑额出头斫作楷头形式，且不施普拍枋，都是较典型的宋式手法。斗拱五铺作，外出单杪单下昂，柱头铺作施插昂，斗拱后尾俱用偷心造。屋顶已经后代改修，现系清式歇山，自与原来之宋式九脊殿有甚多区别。内柱表面所镌神王、盘龙、飞仙等，雄健古朴，流畅生动，为所见宋代浮刻中难得之精品。

宋代佛教披靡昌繁，建寺修塔之风仍极一时之盛。其塔多建以砖石，或琉璃、铸铁等特殊材料，是以木构之殿堂虽毁，而此类佛塔则常有保存者，于北国幽燕乃至大江南北，无虑数十百区。现择其中有代表性者，简介于次。

1. 开元寺塔

开元寺塔（图 9-8、图 9-9）在今河北定县*城内，建于北宋真宗咸平四年（公元 1001 年）至仁宗至和二年（公元 1055 年）间。该塔全由砖构，平面作八边形，外观为 11 层之楼阁式，通高 84 米有余，为我国现存诸塔之最高者。宋时因所处地与辽国接壤，常用以瞭望对方动态，

---

*[整理者注] 今河北省定州市。

故又称"料敌塔"。清光绪十四年（公元1888年），塔东北外壁全部坍落。

塔之平面由外壁、回廊及塔心柱组成。各层阶梯皆置于此八角形之塔柱内。二至七层之回廊两侧上部，施砖制斗拱二跳承平棋（碁）。其中二至三层为砖板，纹样各异，甚为精美；四至七层代以彩绘木板；八至十一层，则仅有券洞而已。

塔外壁于四正向各置一门，其余四面则隐出假窗，仅西南之第二、十、十一层因有阶梯，故砌为真窗。

总的外轮廓具有曲线之收分，故立面秀丽而不呆板。其底层较高，上部砌出腰檐与平座。以上各层则仅施平座。此乃砖石建筑仿木之表现，因系早期所为，故形象较为简略。

2. 天清寺繁（音po）塔

塔在河南开封市东南1.5公里处之繁台上，故名。寺建于后周世宗时，而塔始创于北宋太祖开宝间（公元968—976年），原名兴慈。

塔平面六边形，原高九层，现仅余三层，残高约32米，底层长径28米。塔身以双杪斗拱承出檐及平座，壁面密布镂小佛之圆龛。入塔券门辟于南、北二面，经走廊可达中央之六角形塔室。此塔外观属于楼阁式，虽上部毁除已不可考，但依现存体量与尺度推测，其形象应较粗壮，或与辽应县佛宫寺塔比例相近。

3. 祐国寺琉璃塔

祐国寺亦在河南开封城内，唐时名封禅，宋太祖开宝三年（公元970年）改称开宝。太宗时建木塔，后毁。仁宗皇祐元年（公元1049年）于其旧址东之上方院立此琉璃塔（图9-10、图9-11），以上方为名。寺称祐国则始于明代。该塔外表饰以褐色琉璃砖，故俗称"铁塔"。

图9-8 河北定县开元寺料敌塔

图9-9 开元寺料敌塔平面

图 9-10 河南开封祐国寺琉璃塔

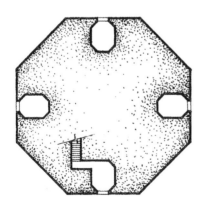

图 9-11 祐国寺琉璃塔平面

塔平面八角，高十三层（约 55 米），外观属楼阁式，但比例颀长，与前述之二例不类。塔身各层均砌出挑檐，二层起且有平座，又于角隅置圆形角柱，柱间隐出阑额、普拍枋及斗拱。其补间铺作朵数随塔身变窄而递减，由第一层之六朵减至顶层之二朵，每朵斗拱亦由出二跳减为一跳。

因塔身甚窄，为结构安全计，塔体均系实砌，仅设梯道穿插其间。而塔壁若干真窗，即为供此采光者。

4. 报恩寺塔

报恩寺在江苏苏州城内偏北。寺原名通元，相传创于三国吴大帝赤乌间（公元 238—251 年）；唐玄宗时改称开元；五代十国吴越始用现名。旧塔毁于南宋高宗建炎四年（公元 1130 年）金兵陷城之役，绍兴间重建。

此塔平面八边形。外观九层，高 76 米，为木构楼阁式样，实际内部均系砖砌。其平面最外为外廊；次为砖砌之外壁；其内为置梯级之内廊；再次又为附方室之塔心砌体。内廊及塔心室均以砖隐出内柱、阑额、斗拱、藻井等，形象比例甚为逼真，说明此时之仿木技术已达很高水平。

其建筑局部可供注意者有如下数端：内柱或为梭柱，或用瓜楞断面，其下均施柱碩。柱头或阑额上所施栌斗，有圆、八角、瓜楞、方、讹角等多种，其内转角尚有用凹栌斗者。第三层塔内室承藻井之内檐斗拱，以华拱一跳托上昂，是为宋代砖石建筑中已知之孤例。

5. 罗汉院双塔

寺在苏州城内东厢之定慧寺街路北。建于唐懿宗咸通二年（公元 861 年），原称般若院；吴越时改现名。双塔建于北宋太宗太平兴国七年（公元 982 年），后屡修。二塔皆同一制式，平面为等边八角形，外观七级仿木楼阁式。

底层平面于东、南、西、北四面辟壸门，循短甬道可达塔内之方室；其余四面概置直棂假窗。自二层起，各层门窗交互易位，可弥补塔壁强度不匀之缺陷。塔隅出八角形倚柱，柱间施阑额；额下再以槏柱二根，分每面为三间。外檐斗拱四铺作，出华拱一跳托令拱及撩檐枋，再承拔檐砖及菱角牙砖与其上之出檐。塔心室亦施角柱及阑额、斗拱等砖砌隐出构件；唯天花为木制，盖可由此缘梯上达也。

6. 开元寺双塔

寺在福建泉州，初建于唐则天后垂拱二年（公元 686 年），名莲花寺。玄宗开元二十六年（公元 738 年）诏改开元。寺内原有木构双塔，南宋时先后易为石。

两石塔相距约 200 米。东塔名镇国塔，竣工于南宋理宗淳祐十年（公元 1250 年），通高 48 米。西塔名仁寿塔，毕建于理宗嘉熙元年（公元 1237 年），拔地 44 米。二塔均采用八角形平面，仿木建筑之五层楼阁式外观（图 9-12、图 9-13）。

以西塔为例，下建石质须弥座，束腰部分镌刻莲花、力神及佛教故事。石座亦八边形，四面有踏阶可上。塔身底层亦仅四面开圆券门，另四面隐出窗扉。以上各层门窗相错，一如前述苏州罗汉院双塔。外壁之内即为回廊，中央建八角形塔心柱。

塔隅置圆形角柱，柱间阑额上仍未施普拍枋。斗拱均系五铺作，偷心造（东塔则为计心造），出华拱二跳，但所出耍头之上缘带有多瓣曲线，与中原批竹式上部为直线者有异。补间铺作于一、二层每面二朵，三至五层每面减为一朵（东塔各层均为二朵）。

7. 玉泉寺铁塔

寺在湖北当阳。塔铸于北宋仁宗嘉祐六年（公元 1061 年），原名如来舍利宝塔。平面八边形，外观十三层楼阁式，高约 18 米。此塔虽由铁铸，其柱、枋、斗拱、门窗、力神、佛像等，均甚精微写实，为现存已知诸宋代铁塔中保存最为完好者。

宋代之经幢，较之唐、五代更加崇丽。其中最负盛名者，为位于河北省赵县城关之陀罗尼经幢（图 9-14）。此幢成于北宋仁宗景祐五年（公元 1038 年），断面八边形，高 15 米，其体形之高巨与装饰之华丽，实居现存历代诸幢之冠。幢下基座由正方形石须弥座一及八角形须弥座二组合而成，上雕刻莲瓣、束莲柱、壸门、神人、力士、伎乐及建筑等，异常细巧生动。第三层石座上置云水、宝山，其中并镌殿堂、亭阁等。再上为八角幢身三段，均刻以陀罗尼经文；其间以垂幛、宝装莲瓣及狮头、象首等予以分隔。第三段幢身上刻一城郭，似表示释迦游四门故事。以上又有附佛龛之建筑及莲瓣等装饰，至顶再施宝珠、火焰以为结束。

图 9-13 开元寺镇国塔平面

图 9-12 福建泉州开元寺镇国塔立面

图 9-14 河北赵县陀罗尼经幢

此期佛教石窟及摩崖造像之开凿，就其规模、数量与艺术造型而言，似均不及北朝与隋、唐，尤以大河以北地区如是。众所周知，于我国北方诸石窟中，宋窟占有较重要地位者，仅甘肃敦煌之莫高窟一处（在有壁画或塑像之四百余窟中，约占五分之一）。然于南方地区，如四川之阆中、巴县、潼南、大足、梓潼、彭山、乐山、合川、夹江诸县市或区[*]，由两宋所营凿之石窟与造像，为数亦颇可观。作者曾于抗日战争期间前后前往上述地点调查，内中印象尤深刻者，为大足北郊之佛湾，所存大、小二百余石窟中，宋窟几占四分之三。其开创年代自北宋太祖乾德起，经徽宗大观，至南宋高宗绍兴以及孝宗淳熙间，前后凡二百余年。因彼时我等一行匆匆，未及深入细察，估计实际年限尚不止此。即此一端，亦足证佛湾之宋刻，就规模为国内无出其右者。所镌刻题材，有经变、阎罗、孔雀明王、千佛、诸菩萨等，部分且有新意。

至于摩崖大像，则以四川潼南西之大佛寺造像最为著名。北宋钦宗靖康元年（公元1126年），就唐懿宗咸通间所刻石佛头，依崖作全身像，又建阁七层以护，此像高约30米，尚不及乐山凌云寺唐刻弥勒坐像之半，然已属宋代摩崖中之佼佼者矣。洎元代及以后，此类巨像遂未有再兴造之记录。

目前所见诸宋窟之平面形状，与云冈、龙门、天龙山等石窟相较，自无显著特点可言。然敦煌427、431及444号诸窟前所存之木构窟廊，系作于北宋太祖开宝三年（公元970年）至太宗太平兴国五年（公元980年）者，乃他处未存之早期遗物。窟廊以八角形木柱划为三间，当心间辟门，次间置直棂窗。柱间阑额上尚无普拍枋，斗拱均为五铺作双杪，其当心间之拱垫板处设直棂小窗，若正定隆兴寺摩尼殿所为。柱枋上尚遗部分彩画，色彩以朱红、丹黄为主，间以青绿。纹样则有龟背纹、束莲纹等，构图整齐明洁，但未见有若后世将其区分为箍头与枋心部分者。

就造像论，宋代石刻固然有不少佳品，下意以为其塑像更胜一筹。现存之实例，如山东长清灵岩寺与江苏苏州用直保圣寺之罗汉，山西太原晋祠圣母殿诸女像等，俱可列为极品。此外，壁塑亦甚发展，除文献载前述汴京相国寺大殿朵廊者外，今日遗留实物，可由正定隆兴寺宋构摩尼殿东壁中得见梗概。其普贤、飞天、象、龙、佛殿、梵塔等所塑手法，均属典型宋式，并表现了对唐风的若干继承。

现存之辽、金佛教建筑，多位于今日之东北及河北、山西一带，其中且不乏宏巨瑰丽者。又其主要承重之木架构，亦具有甚多突出之特点，如多层建筑中"暗层"之使用，以及对减柱、移柱的大胆尝试等。

---

*[整理注] 目前有部分地区已划归重庆市。

8. 奉国寺大殿

寺在辽宁义县城内，建于辽圣宗开泰九年（公元1020年）。面阔九间（48.20米），进深五间十椽（25.13米），单檐四坡顶。正面当心间、次间开门，第二次间与梢间开窗，背面当心间开门，余皆垣以厚墙。内、外檐均施斗拱，材断面为29厘米×20厘米，相当宋制一等材。梁架中已使用升高之内柱。斗拱及内檐梁、枋上保存之彩画，亦属极为可贵。

9. 华严下寺薄伽教藏殿

寺在山西省大同城内，其山门、天王殿、配殿、亭、牌坊等均系清代所建。教藏殿面阔五间，进深八椽，单檐九脊顶，建于辽兴宗重熙七年（公元1038年）。下为附月台之砖台座，高约4米。殿身除正面当心间与二次间置槅扇，背面当心间辟小窗以外，余皆实砌墙壁。柱网仍采用"金厢斗底槽"式样。柱有生起及侧脚，阑额上施普拍枋。外檐柱头斗拱五铺作，双杪重拱计心。补间一朵。内檐柱头六铺作，出三杪。梁架为前、后乳栿对四椽栿。室内之天花，除内槽后部三间为藻井外，均属平棋（綦）。殿内中部砌凹形佛坛。四周依墙二层木经橱共三十八间，外观作建筑形式，有台基、腰檐、斗拱、勾栏、屋檐等，至后壁中央更做成天宫楼阁五间，联以圜桥。制作异常精确灵巧，是为辽代上佳之小木作典范。

10. 独乐寺观音阁

寺在天津蓟县*城关（图9-15），其山门三间亦与观音阁（图9-16）建于同时。阁面阔五间，进深八椽，外观二层，单檐九脊顶，辽圣宗统和二年（公元984年）建。平面柱网亦大体呈"金厢斗底槽"形式，仅底层内柱稍高。内槽中央形成六角形空井，以容高16米之十一面观音塑像。其木架结构于上、下二层间另形成一暗层，加强了整个木架的刚度，是一种很有效的结构措施，致使此阁面临多次强烈地震而未受损害。阁内斗拱共有二十四种之多，亦表明其对结构上的多方探索。上、下层柱间节点采用缠柱造与叉柱造两种方式。梁架亦有明栿与草栿架之分。天花与藻井俱施平暗（阇）。

11. 佛光寺文殊殿

文殊殿（图9-17）在山西五台佛光寺山门内北侧，面阔七间，进深八椽，单檐不厦两头造（即清式之挑山顶），成于金熙宗天会十五年（公元1137年）。此殿最大特点为内部大量减柱，致使内柱仅余四根，即前槽次间缝与后槽当心间缝上者。为承梁架，故内柱上竟置以横跨三间（约13米）之大内额。此种超负荷的减柱引起结构上的恶化。为此，后世又于内额下另加支柱，以图补救。此结果表明其结构设计甚不合理，但就减柱数量及内额布置论，尚未见有他例出其右者。

---

*[整理注] 今天津蓟州区。

图 9-15 天津蓟县独乐寺平面

图 9-16 蓟县独乐寺观音阁剖面

图 9-17　山西五台佛光寺文殊殿平面

12. 净土寺正殿

寺在山西应县城内，其他建筑俱毁，仅存此殿。殿面阔三间，进深六椽，单檐九脊顶，建于金熙宗天会二年（公元 1124 年）。殿内以其精美天花藻井及门窗槅扇知名于海内外。当心间藻井平面外层为方形，环以小木作之精巧天宫楼阁，有平座、勾栏、殿宇、挟屋、回廊之属。内层则套以二层饰以斗拱之斗八藻井，顶部平版上浮刻双龙绕珠图案。色彩以青、绿、红、金为主，对比鲜明，灿烂夺目。构图除龙、凤外，尚有各种几何图形，配合协调，形象生动。

13. 佛宫寺释迦塔

佛宫寺（图 9-18）亦在山西应县城内，寺中建筑如钟楼、鼓楼、后殿等，均属近代所为，仅塔构于辽道宗之清宁二年（公元 1056 年）。释迦塔（图 9-19）为我国现存最早木塔，平面八角形，外观为五层楼阁式，由基座至塔刹高 67 米，底层直径 30 米。塔下有亚字形及八角形台基各一层，底层环匝副阶。塔之木架构由内、外二圈柱网组成，各层间再设结构暗层，手法与观音阁同一形式。其各层上、下节点，亦采用"缠柱造"与"叉柱造"。内、外斗拱有六十余种之多，极富变化，可谓集当时之大成。如外檐斗拱于副阶为五铺作，出双杪；一层及二层为七铺作，双杪双下昂；三层施六铺作，出三杪；四层五铺作，双杪；五层为四铺作，但系半拱承单杪。平座斗拱除第五层为五铺作双杪外，余皆六铺作三杪。内檐斗拱均七铺作出四杪。斗拱局部变化，在于偷心与计心，直拱与斜拱，以及是否施半拱或直斗造等。

此塔亦屡遭自然与人为之破坏（地震、战争……），但基本完好，表明其结构系统相当完善。唯于火灾之防护，尚应格外加强。内部各层所置佛像，均系辽代原塑，亦足增加该塔之历史价值。

14. 天宁寺塔

在北京阜成门外八里庄，寺已全毁无踪迹可寻，唯余此塔矗立于大道之北。平面亦为习见之八棱形，塔身下置莲瓣及须弥座二层，上叠密檐十三道，高约 58 米。塔全由砖实砌，不可登临。底层于四面辟有圆券之假门，门侧立金刚力士；其余四面隐出假窗。此种形式之塔，于辽、金

图 9-18　山西应县佛宫寺总平面图

图 9-19　山西应县佛宫寺释迦塔剖面

两代甚为常见，而于基座与底层所施多种华丽饰刻，是其共同特点。

天宁寺塔之建造时间约在辽之末季，至明、清又复大修，但风格仍属辽式未变。

15. 广慧寺多宝塔

在河北正定南门外，寺已全毁仅此塔部分尚存。塔建于金世宗大定间，形制甚为特殊。主塔高三层，平面为八角形，但于四隅另附六角形小塔各一。此种小塔依附大塔周旁之手法，曾见于云冈 6 号窟塔心柱及原藏山西朔县崇福寺之北魏小石塔，又或受印度佛陀伽耶之金刚宝座式塔之影响，亦属可能。

多宝塔全由砖构，并隐出柱、枋、斗拱、门、窗等木作形象，外观秀丽特出，故当地又称之为"华塔"。

16. 白马寺齐云塔

白马寺为佛教传来我国后首建之梵宇，在河南洛阳东郊。殿堂皆近代所建，构于金世宗大定十五年（公元 1175 年）之齐云塔则矗于寺前之东偏。塔平面作方形，外观为密檐十三级。塔立于八角形台基上；塔身最下施须弥座二层，底层壁面亦仅砌出普拍枋与一斗三升斗拱。各层出檐以砖为叠涩及牙子砌造。此塔建于金代中期，未采用当时流行之八角形平面与华丽之装饰，保存了较多的唐塔形制；但其下施须弥座多层，则系辽、金传统手法。

其余较为著名之辽、金佛教建筑，若殿堂、门阁者，则有山西大同华严上寺大雄宝殿（面阔九间，金熙宗天眷三年，公元 1140 年）；大同善化寺山门、三圣殿（面阔俱五间，金太宗天会六年至熙宗皇统三年，公元 1128—1143 年）、大雄宝殿（面阔七间，辽中叶）、普贤阁（面阔三间，二层，辽中叶）；朔县崇福寺弥陀殿（面阔七间，金熙宗皇统三年）、观音殿（面阔五间，时间约同上）；天津宝坻广济寺三大士殿（面阔五间，辽圣宗太平五年，公元 1025 年）；易县开元寺毗卢殿、观音殿、药师殿（面阔俱三间，辽天祚帝乾统五年，公元 1105 年）、蓟县独乐寺山门（面阔三间，辽圣宗统和二年，公元 984 年）等。其若梵塔、佛幢之著者，有内蒙古巴林左旗林西镇之庆州白塔（平面八角，七级，辽兴宗重熙十八年，公元 1049 年）；河北正定临济寺青塔（平面八角，密檐九级，金世宗大定二十五年，公元 1185 年）；山西应县净土寺佛顶尊胜陀罗尼幢（平面八角，五级，辽兴宗重熙九年，公元 1040 年）；河北涞水大明寺幢（平面八角，三级，金世宗大定十三年，公元 1173 年）等。另外尚有众多墓塔，为佛教僧尼瘗寄骨灰之所，其形式亦有单层、楼阁与密檐多种。

宋帝崇道教者颇不乏其人，故道观之兴建，亦常为土木之大举。太宗时即诏建上清宫，成于至道元年（公元 995 年）。据《玉海》载，宫中有房屋"一千二百四十二区"，可知其工程之浩大。又依《宋史·太宗纪》，知诏建之另一道院寿宁观，落成于至道二年七月；且帝又曾数遣官使前往京师诸道观、佛寺祈晴祷雨。由此可见此类场所，定非当时之一般泛泛者。及至真宗之际，更倡道教，大中祥符元年（公元 1008 年）始作昭应宫。次年，改称为玉清昭应宫。

此宫施工期原定十五年，修宫使丁渭日夜赶筑，仅七年即已竟功。有建筑二千六百一十区，规模较太宗所建太清宫尤大。其中殿堂见于文献者，有正殿、玉皇后殿、集禧殿、长生崇寿殿等。仁宗天圣七年（公元1029年）宫因雷火延烧，仅存小殿数区而已。徽宗政和三年（公元1113年）于大内福宁殿东建玉清和阳宫（七年改玉清神霄宫）。政和五年就景龙门东起上清宝箓宫，又自门上修复道相通，以供御临。七年二月，帝会道士二千余人于此宫，其规模当可想象。除于京师大立宫观以外，真宗大中祥符二年十月，诏天下州、府并置天庆观，于是崇道之风更遍及全国矣。

现存宋代道观可称寥若辰星，而其中之最著者，莫若江苏苏州之玄妙观。观在城内观前街北，《府志》谓始建于西晋武帝咸宁年间（公元275—280年），名真庆道院；唐改开元宫；北宋真宗大中祥符为天庆观；南宋初毁于金兵陷城之役，孝宗淳熙六年（公元1179年）重建；现有大殿即当时遗物也。

大殿立于前附月台之石基上，面阔九间，进深十二椽，重檐九脊顶。柱网作满堂柱式，除外檐及殿内屏墙中央四柱用八角断面之石柱，其余内柱均为圆断面。全殿计用柱七十根。若干外檐石柱尚镌有淳熙时输募者铭记。斗拱于下檐为四铺作（柱头出昂式华拱，补间出真昂）；上檐俱七铺作，出双杪双假昂。内槽斗拱中最可介绍者，为中央四缝所施六铺作双杪上昂斗拱，乃国内木建筑中之孤例，极为可贵。而此项做法又见于距此不远之报恩寺塔中，虽为仿木之砖石斗拱，亦可推想上昂之运用在当时平江一带并非罕见。

五、坛庙

供祭祀天地、日月、山川、五谷、祖先、哲贤等之建筑，如圜丘、方丘、明堂、社稷、宗庙、祠社者，两宋及辽、金皆有之，唯繁简不一，而于宋之制式尤多变更，实难一一尽述。现就存留之遗物予以介绍。

1. 晋祠圣母殿

晋祠（图 9-20）在山西太原西南郊之悬瓮山下，原建以祀春秋时晋国始祖叔虞，故有是称。北魏郦道元《水经注》已有记载。圣母殿（图 9-21、图 9-22）为祠中现存建筑年代最早者，构于北宋仁宗天圣间（公元 1023—1032 年）。徽宗崇宁时（公元 1102—1106 年）重修。殿身面阔五间，进深八椽，重檐九脊顶。下再周以回廊，以至外观为面阔七间与进深六间。结构上施"减柱造"。即减去前列中央四根下檐柱，将上部檐柱承于四椽乳栿梁架上，以扩大前槽处之空间。此种做法，国内尚为孤例。

廊柱斗拱五铺作，出双杪（平昂形式）；上檐斗拱六铺作，双杪单下昂，但耍头做成披竹昂式样。补间铺作仅一朵。前廊柱上雕刻木质蟠龙，甚有时代风格。殿内塑像 43 尊，中有 41 尊塑于宋代。其中 33 尊侍女像衣裾飘逸，形态生动，为我国古代塑像不可多得之佳品。

殿前有方池，中立石柱，架以斗拱、木梁，上承十字形桥梁，称为"鱼沼飞梁"，亦为宋代旧物。池南另有建于金代之献殿三间，及四隅置宋铸铁力神之"金人台"，皆为有价值之建筑历史文物。

2. 汾阴后土祠图碑

后土祠在山西万荣县，建于北宋真宗景德三年（公元 1006 年），后于明季毁于水患。遗有金熙宗天会十五年（公元 1137 年）所刻图碑，得以对当时全貌有所了解。总平面依中轴线基本作对称式布置。入棂星门后，越门、殿四重即达祠中主殿——坤柔殿，殿九间，重檐四坡顶，前置双阶。又以过殿与其后之寝殿相连，形成宋、金之际重要建筑采用所谓工字殿的形式。此主体部分周以庑廊，并以朵廊与大殿相接。祠环以高墙，并于四隅建角楼。

以上制式，并见于河南登封之《大金承安重修中岳庙图》碑（章宗承安五年，公元 1200 年刻）及河南济源之济渎庙，均为祭祀国内岳、渎之最高等级建筑，亟可供今后之研究与参考。

3. 孔庙

孔庙位于山东曲阜县，于宋、金两代曾予屡修，惜再毁于明季。现庙中建筑仅少量建于明，其余大部皆为清构。唯其八座碑亭中，除明代四座以外，尚有金代及元代者各二座。

图 9-20　山西太原晋祠总平面图

图 9-21　晋祠圣母殿立面图

图 9-22 晋祠圣母殿剖面图

六、陵墓

北宋除徽、钦二宗为金人所掳外，其余七帝八陵俱葬于河南巩县之嵩山北麓，并共成一区。其山陵之制大体仍袭汉、唐旧法。如永昭陵平面（图9-23）所示：沿南神道向北，于两侧先置双阙二重，前阙称"鹊台"，后阙称"乳台"；再立华表柱；以后为石象生，有象、马、羊、虎、狮、瑞禽、文臣、武将、内侍、外国使节等。陵之神墙仍为方形，四面中央辟神门，四隅置角楼。南神门内有献殿，为祭祀之所。其后建陵台（或称灵台），居神墙内之中央，外观亦作覆斗形。而置棺椁之墓室——"皇堂"，即位于其下。

北宋帝陵与前代相较，其区别有以下方面。

（1）山陵之营建始于皇帝驾崩之后，而非若汉、唐于即位之初，且入葬限于七阅月。以时间仓促，故规模亦小。

（2）基于风水"五音姓利"之说，赵氏墓区必须南高北低。致使宋陵地面标高，由鹊台起至陵台逐渐下降。此种将陵墓主体之陵台置于最低位置之手法，与前代帝陵迥然相违。

（3）自鹊台至北神墙间，是为陵之主体，称作"上宫"。另于其西北，置影殿、斋殿、庖厨、御库及有司、侍卫、宫人治事、起居房舍，合为"下宫"（因其位于"上宫"之下，故有斯名）。

（4）后陵位于帝陵之西北或北，形制雷同，但规模尺度差小。

南宋诸帝、后欲日后归葬中原，故皆暂厝于会稽（今浙江绍兴）。其陵形制甚为简单，前仅设献殿供祭祀，后建称"攒宫"之龟头屋以奉梓棺。恭帝德祐二年（公元1276年）元军入临安，帝降。尔后会稽诸陵均遭破坏，毁屋剖棺，遂至荡然无遗矣者。

一般之宋墓多系砖砌，平面以一室最常见，二室已属大墓，附耳室者绝少。墓室形状早期用方、圆，以后多边形甚流行。外观上极力模仿木建筑，尤以北宋中期以后为盛。此中之典型，可推河南禹县*白沙镇之赵大翁墓[1]（图9-24）。其入口之墓门以砖筑砌为门楼，隐出附门钉之版门、门框、五铺作斗拱、枋、椽及门檐等。前室呈矩形，壁面隐出八角形倚柱、阑额、普拍枋、斗拱、枋、直棂窗等，并绘有彩色壁画。后室平面六边形，其壁面处理亦大体同前，唯于后壁刻一半启槅扇门，有妇人自内引身作探首状（此式最早曾见于汉代墓中）。墓顶逐层上收如穹隆状。室内置凹形平面棺床，据遗骨知为夫妇合葬。此墓时间定为北宋晚季。

抗日战争时期于四川宜宾旧州坝发现之宋墓，则全为石构者[2]。此墓入口在北侧，平面为

---

*[整理者注] 今河南省禹州市。

1 《白沙宋墓》。

2 《中国营造学社汇刊》七卷一期。

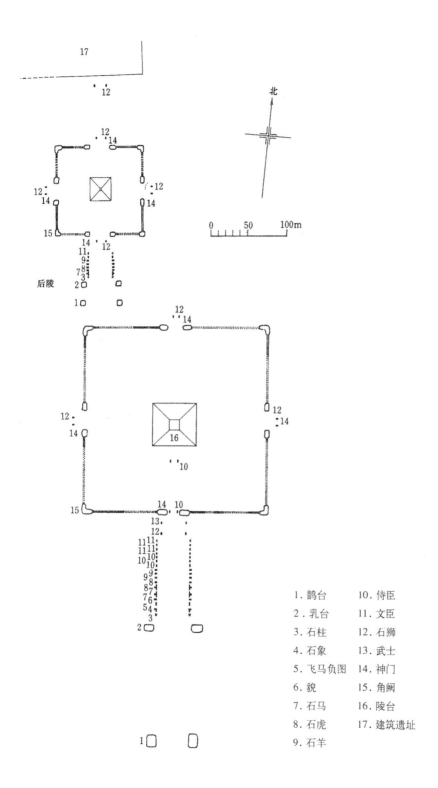

图 9-23 河南巩县宋永昭陵平面图

1. 鹊台　　　10. 侍臣
2. 乳台　　　11. 文臣
3. 石柱　　　12. 石狮
4. 石象　　　13. 武士
5. 飞马负图　14. 神门
6. 貌　　　　15. 角阙
7. 石马　　　16. 陵台
8. 石虎　　　17. 建筑遗址
9. 石羊

墓室结构剖视

剖面

仰视平面

图 9-24　河南禹县白沙第一号宋墓

矩形单室。内部作厅堂式布置，除壁面隐出倚柱外，室内另置八角柱二列，每列二柱，柱间置曲梁、驼峰与绰幕枋等；柱头上仅施栌斗一枚。南壁凹入为龛，亦镌刻枋、柱如上述，另有半启门扉及探身妇人，一若白沙墓中所见者。

辽代帝王陵墓在今日内蒙古自治区巴林左、右旗及辽宁北镇一带。当时因陵而建奉陵邑，如太祖祖陵设祖州；太宗怀陵设怀州；世宗显陵置显州等。陵又置守陵户，如圣宗之庆州永庆陵，有"蕃、汉守陵三千户"。世宗显陵在显州，"穆宗割渤海永丰县民为陵户，隶积庆宫"[1]。

诸陵依山而建，其形制史料记载甚少，仅述及若干殿堂。所云祖陵者有："太祖陵凿山为殿，曰：明殿。殿南岭有膳堂，以备时祭。门曰：黑龙；东偏有圣踪殿，立碑述太祖游猎之事；殿东有楼，立碑以纪太祖创业之功。皆在州西五里"。而圣宗永庆陵有望仙殿、御容殿。穆宗祔葬于怀陵，建有凤凰殿。景宗之乾陵则有凝神殿及御容殿（后改玉殿）。

抗日战争期间，日本人曾对永庆陵进行发掘，得知部分情况。其前列双阙，进而为门殿，由此以庑廊绕为大庭，后为附月台之方形享殿。地宫分前、中、后三室。前、中室左、右各附耳室一，平面均作圆形，壁面隐出仿木建筑构件，并施有彩画。其中室四幅山水图，表现了春、夏、秋、冬四时"捺钵"之形象，甚为罕见。

就墓室数量与平面之变化而言，辽代之贵族及一般墓葬（图9-25至图9-27）大体与赵宋相若，但亦有其本身特点。

（1）辽人崇日，故墓门多面东。

（2）墓室内常以柏木为护壁。

史料有关金代陵寝之记载极少，太祖阿骨打葬上京（今黑龙江阿城白城子）宫城西南宁神殿。熙宗天会十三年（公元1135年）改葬和陵，皇统四年易名睿陵。海陵王贞元三年（公元1155年）迁葬于中都附近之大房山，陵名不改。太宗亦天会十三年葬和陵，皇统四年改称恭陵，贞元三年迁大房山，陵名仍旧。其后世宗葬兴陵。章宗葬道陵。宣宗葬德陵。均寥寥数语，不得其详。但由太祖崩后次月即入葬，以及其他诸帝之葬期未超过四阅月者，可知陵之规模及工程都不甚大。而太祖、太宗等陵一再迁移，亦表明当时陵制似未尽善也。

金代之一般墓葬，似受两宋影响甚多，规模制式，大致相仿。唯内部之饰刻更为华丽。如山西侯马牛村之董氏1号墓，建于卫绍王大安二年（公元1210年）。墓平面方形，单室，上收为八角藻井。虽规模不大，但内部以砖隐出或琢刻各种构件与细部，如须弥座、槅扇门、垂莲柱、华板、斗拱及天花、藻井等，无不异常精丽。其所使用之多类几何纹样及花木、人物形象，构图优美，比例匀称，俱被誉为一时之最。

---

1 《辽史·地理志》。

图 9-25　内蒙古赤峰大营子 1 号辽驸马墓图
（《考古学报》1956 年第 3 期）

图 9-26　河北平泉八王沟辽大长公主墓
（《考古》1962 年第 8 期）

图 9-27　北京南郊辽赵德钧墓
（《考古》1962 年第 5 期）

七、建筑技术与其他

1. 木结构

作为中国传统建筑主要结构形式的抬梁式架构，此时期又得到若干发展。在高层建筑中使用"金厢斗底槽"式平面和在各楼层间增加暗层并施斜撑的措施，有效地提高了建筑结构的整体性能并克服了包括地震在内的水平外力的破坏，辽建之独乐寺观音阁与佛宫寺释迦塔均为明证。然此种结构形式是否即创于宋、辽，抑或于唐中叶以后，尚有待今后考证。但无论如何，此种"双套筒"式柱网究竟较之"中心柱"式结构要进步得多。此外，"减柱"和"移柱"的广泛使用，也促进了结构的进步和变化，即使有些不够成功的例子，但作为探索的经验还是难能可贵的。

木建筑的设计定型与构件标准化此时也得到确定，并以系统的法规形式，反映在北宋崇宁二年（公元 1103 年）颁布的《营造法式》中。但根据现有宋代木构遗物调查，其施行范围似未超越汴京的周围一带，而且也限于官式建筑。

2. 砖石结构

由于砖石材料之结构特点日益为人们所认识，以及取材与加工技术的改进，此等建筑材料及其相应之结构已逐渐扩大到社会应用中来。以砖为例，除此时之墓室已大多采用砖砌体外，他若城墙、台基、佛塔亦复如此。其中尤以佛塔最为突出，无论长城内外，抑或大江南北，凡属两宋、辽、金之该类建筑，俱以砖砌为主。而应县佛宫寺释迦塔犹以木材构作叠柱重梁者，实属凤毛麟角。

石料之于建筑，如基台、踏跺、勾栏、楹柱等局部，乃至经幢、佛塔之整体，运用亦多。然工程繁浩与规模宏巨者，则莫过于津梁。其著名代表作，有北宋仁宗嘉祐四年（公元 1059 年）成于福建泉州之万安桥（亦名洛阳桥）。全桥架梁共四十七孔，"长三百六十五丈七尺，广一丈五尺，上为南、北、中三亭"[1]。另如金章宗明昌三年（公元 1192 年）于中都（今北京西南）所构之卢沟桥（原名广利桥），列券凡十一，全长 266.5 米，宽 7.5 米。其桥栏望柱一百四十，上刻形态各异之石狮四百余尊，尤蔚为壮观。

3. 建筑著作

中国古代建筑历史悠久，其间名师迭出，杰作纷呈。然诸多章法巧思，尚未有总其成而传后世者。及北宋徽宗崇宁二年（公元 1103 年），将作少监李明仲所编之《营造法式》问世，乃有改观。此书共三十四卷，就释名、各作制度、功限、料例等予以说明，并附图以示各类大

---

1 《泉州府志》。

木架、大木构件、小木装修以及石刻与彩画形象。其中以"材"（即素枋）高作为衡量大木架各构件尺度之标准，尤为重要，故有"以材为祖"之语。此外，对若干当时流行的标准做法，如"举折""生起""侧脚""卷杀""收山""推山"等，均有明确之规定。察其所述内容，系以官式建筑为出发，故言及建筑之制式、结构、装修等，莫不如是。而于施工、备料及工限方面，亦自大规模之工程着眼，是以该书实属皇家建筑之规范，核以调查实例，契合者仅汴京周围一带而已，虽此书有其局限性，然其编辑之成功，乃竟前人之所未为，复使后人得以系统了解当时官式建筑之梗概，是创不可磨灭之功绩。其于今日建筑史之研究，自具有重大之意义。

此外，北宋初年之名匠喻皓，著有《木经》一部，惜现已失传，仅存片段散见宋人笔记，若沈括《梦溪笔谈》然。

第十章

元、明、清建筑

一、社会概况

蒙古族居我国北部草原，以游牧为生，至其太祖铁木真（即成吉思汗）势力强盛，兵锋及于中亚。太宗窝阔台灭金攻宋，奄有淮河以北之地。宪宗蒙哥复大举南侵，后率兵攻四川合川钓鱼城，殁于城下。世祖忽必烈继其未竟之业，于至元八年（公元 1271 年）建国号大元。十三年陷临安，十六年最终灭宋。

蒙古统治者知统治中原，必须利用中原旧有制度，因此自太祖、太宗至世祖，用耶律楚材、姚枢、许衡、刘秉忠等谋策，建国号，制文字，倡佛道，尊孔子，又厘定各种制度律令。在社会经济方面，由于蒙古人不谙农业、手工业生产，又大量圈占耕地，横征赋税，以及实行残酷的民族压迫，致使社会生产遭受巨大破坏，经济长期处于停滞低潮。人民不堪在政治上和经济上的多重压迫，最后爆发了全国农民的大起义，遂导致元朝之覆灭。

元顺帝至正十六年（公元 1356 年），濠州人朱元璋据集庆路（今南京）称吴国公。后次第兼并陈友谅、张士诚，统一江淮、湖广之地。至正二十七年举兵北伐，并于次年（公元 1368 年）即帝位，国号大明，改元洪武。洪武二年八月，徐达统军破元大都，元帝率残部遁入沙漠，元亡。

朱元璋以"驱逐胡元，光复汉统"为口号取得政权，但为巩固其统治，无端大兴党祸，尤以蓝玉、胡惟庸二役最为激烈。及至燕王举兵，对助惠帝者，亦予大肆杀戮斥贬，开国勋臣，至此殆尽。自永乐以降，始重用宦官，或置外为监军，或居内掌厂（东厂、西厂）、卫（锦衣卫），权势并倾重一时。其若刘瑾、王振、魏忠贤者，皆内中之巨佞。

明季农业及手工业生产，俱有所恢复与发展。对外交往亦因郑和等多次越海南下，增进了与南洋诸国的联系。终明之世，贡使与商贾往返不绝，同时也引起沿海广、闽工商业者大规模向国外移植。此外，因与欧洲的贸易以及天主教士的来华，引进了西洋的历法、艺术和科学，其中利玛窦、毕方济、汤若望等出力尤多。

当局政治腐败，人民役重税繁，天灾人祸频频，至明末愈加不可收拾。各地群雄举义，此起彼伏，其中尤以李自成、张献忠为最强大。及至崇祯十七年（公元 1644 年）三月，李自成入北京，思宗朱由检自缢煤山，明祚遂绝。

散居于白山黑水间之女真族，初以渔猎为主，其首领努尔哈赤，于明万历间逐渐统一各部。万历四十四年（公元 1616 年）建国号金。定年号：天命。以后不断与明朝发生战争，屡挫明师。天命十六年（公元 1626 年，明熹宗天启六年），努尔哈赤攻宁远受创死，尊号太祖。子皇太极嗣位，是为太宗。崇德元年（公元 1636 年）改国号为清。世祖顺治元年（公元 1644 年，明崇祯十七年）李自成义军入北京。明山海关守将吴三桂迎清兵入关、在降臣洪承畴、孔有道等导引下，很快击溃起义军，并消灭南明反抗势力，建立全国统治政权。

清室入关后，对中原统治阶级施行笼络。又沿袭若干明代制度、冠服，尊孔教，开科举，薄赋税。至康熙、乾隆二帝时国势尤昌，史称盛世。

宣宗道光二十年（公元 1840 年），爆发了与帝国主义的第一次战争——鸦片战争。以后接踵而至的中法战争、甲午战争等，均迫使清廷签订不平等条约，丧权辱国，割地赔款，中国逐渐沦入半殖民地半封建社会，成为帝国主义列强瓜分目标。

中国封建社会的长期存在，使社会生产始终停滞在个体农业与手工业水平，从而大大落后于当时的世界形势，而清王朝犹昏聩自大不思变革，更加激起国内民众义愤。宣统三年（公元 1911 年），革命党人在武昌起义，全国纷纷响应，迫使清帝退位。同时，也结束了长达两千四百余年的封建社会在中国的统治。

二、城市

元宪宗蒙哥五年（公元 1255 年）命皇弟忽必烈居桓州东滦水北之龙岗（今内蒙古自治区正蓝旗闪电河北岸）。次年由刘秉忠相地筑城，三年乃就[1]。世祖即位，于中统元年（公元 1260 年）置为开平府。四年，升曰："上都"[2]。经 1949 年前、后之发掘，知此城分为都城、皇城与宫城三部，平面均大体呈方形。皇城位于都城内之东南隅，并共其东墙及南墙之各一段；宫城则置于皇城中部偏北。都、皇城门均筑瓮城，皇城且施马面。城内道路皆走向南北与东西，布置井然有序，显经事先规划者。自京师南迁后，此城因系旧日皇都，故为元代诸帝常年屡幸，其中成宗、武宗且即位于此。顺帝至正十八年（公元 1358 年），刘福通起义军偏师陷上都，焚其宫阙、府署，城池残破，后遂无复再修。

世祖至元元年（公元 1264 年），改旧金燕京为中都。四年，又命刘秉忠于城之东北另建宫阙、城郭。九年，改称"大都"（图 10-1）。都城"方六十里，十一门。正南曰：丽正，南之右曰：顺承，南之左曰：文明；北之东曰：安贞，北之西曰：健德；正东曰：崇仁，东之右曰：齐化，东之左曰：光熙；正西曰：和义，西之右曰：肃清，西之左曰：平则。海子在皇城之北，万寿山之阴，旧名积水潭，聚西北诸泉之水，流入都城，而汇于此，汪洋如海，都人因名焉"[3]。依 1949 年前、后对大都之发掘调查，知都城平面呈南北稍长之矩形。而皇城则为东西较广之矩形，位于都城近南墙处，四面各辟一门。太庙与社稷分置于东、西都墙下，而非若传统之于皇城前。城内道路亦呈方格网状。又建钟楼及鼓楼于皇城之北，为前代帝都所未曾见者。后为明、清所沿袭。

朱元璋于元顺帝至正十六年下集庆路后，不久即改称应天府。至正二十六年（公元 1366 年）八月，因旧城市廛密集，"乃命刘基卜地，定作新宫于钟山之阳。在旧城东白下门之外二里，增筑新城。东北尽钟山之趾，延亘周回凡五十余里。规制雄壮，尽据山川之胜焉"[4]。至正二十八年正月，朱元璋称帝，国号明，建元洪武。同年八月，以应天府为南京，开封为北京。洪武三年（公元 1370 年）正式建筑南京新墙，至六年六月城成，"周九十六里，门十有三"[5]。据现存明代城墙遗址，知平面为不规则形（图 10-2），北临玄武湖，西面长江，南跨秦淮河，

1《元史·刘秉忠传》。

2《元史·世祖纪（二）》。

3《元史·地理志》。

4 谷应泰《明史纪事本末》卷二。

5《明纪》卷二。

图 10-1 元大都复原平面图

图 10-2 明南京城平面图

东接钟山。城门以南侧之聚宝门为京师正门，内设瓮城三重。往西依次为三山门、石城门、清凉门与定淮门。西北则有仪凤门、钟阜门及金川门。城北置神策门。东北辟太平门。东墙有朝阳门。至洪武二十三年（公元 1390 年），又建"京师外郭，周一百八十里，门十有六。曰：麒麟、仙鹤、桃坊、高桥、沧波、双桥、夹岗、上方、凤台、大驯象、大安德、小安德、江东、佛宁、上元、观音"[1]。

皇城平面方形，位于都城内东侧，辟门六：南门名洪武，有大道直达正阳门，其东有门称长安左，西称长安右；东门曰东华；西门曰西华；北门称玄武。宫城又在皇城内东偏，南正门为午门，左、右各有掖门；其他三面各置一门，称东安、西安、北安[2]。

都城中，南部为旧市区所在，街巷综错，人烟稠密。城西为丘陵，城北则置兵营。

洪武二年，徐达克元大都，以城北地时旷人稀，不便防守，乃将原有北垣南移五华里。又改大都为北平府。时成祖朱棣为皇子，受命统兵屯此，及后践祚，遂有迁都之意。永乐元年（公元 1403 年）更名为北京。于十五年始修宫殿、坛庙，至十八年落成（1420 年），同年冬正式北迁，改京师为南京，以北京为京师。其间为扩展皇城以南面积，又将都城南墙南移一里许。该城平面略呈扁方形，经中华人民共和国成立后测量，东西 6650 米，南北 5350 米。南垣正门名正阳，左崇文门，右宣武门。东墙北为东直门（元崇仁门），南朝阳门（元齐化门）。西墙北为西直门（元和义门），南阜成门（元平则门）。北城东门称安定门，西称德胜门。皇城在京师中央略南，"周十八里，有门六。正南曰：大明；东曰：东安；西曰：西安；北曰：北安；大明门东转曰：长安左，西转曰：长安右"[3]。宫城亦称紫禁城，周围六里一十六步，正门称承天门，东门东华，西门西华，北门玄武。

明中叶以后，都城正阳门外日趋繁荣，并有天坛、先农坛等皇家祭祀建筑。世宗嘉靖二十三年（公元 1544 年）又于京师南筑新城，"长二十八里，门七。正南曰：永定，南之左为左安，南之右为右安；东曰：广渠，东之北曰：东便；西曰：广宁（清代改称广安），西之北曰：西便"[4]。此种凸字形平面格局至清代犹因循未变（图 10-3）。

各城门均置瓮城。沿城墙外壁马面及护城河，城内并依元制设钟、鼓楼。

朱元璋祖籍金陵句容（今江苏句容），其父母迁居濠州钟离（今安徽凤阳）。即位后屡思建都故土，而置诸地理、经济、军事条件于不顾。洪武二年（公元 1369 年）诏天下，"定临

---

1 《明纪》卷五。

2 《明史·地理志》。

3 同上。

4 同上。

1. 宫殿	8. 先农坛	15. 仓库
2. 太庙	9. 西苑	16. 佛寺
3. 社稷坛	10. 景山	17. 道观
4. 天坛	11. 文庙	18. 伊斯兰教礼拜寺
5. 地坛	12. 国子监	19. 贡院
6. 日坛	13. 诸王府公主府	20. 钟鼓楼
7. 月坛	14. 衙门	

图 10-3 明、清北京平面图

濠为中都，设留守司营城郭、宫殿如京师制"。四年建"圜丘、方丘、日月、社稷、山川坛及太庙"。次年又"定中都城基址，周围四十五里。街二，南曰：顺城，北曰：子民。坊十六，在南街者八……在北街者亦八……"*。洪武六年，皇城砖垣成，周九里三十步。其午门，东、西华门，玄武门与角楼俱竣工。又建城壕及河桥。然凤阳地瘠人贫，虽竭天下人力、物力予以经营，仍有不可逾越之困难。洪武八年四月，朱元璋亲临中都视察后，才不得不下诏停建。

　　明代地方城市及边关卫所经修建扩郭者，为数亦甚众多。其于我国北方平原一带之县级城市，平面常采用矩形，周以砖砌城墙，四面各辟一门。城内主干道即经此四门作十字形布置，并于城中之交会处建市楼一区。例如山西平遥、甘肃酒泉均如是。随着商业发展及居民繁衍，又有在城门之外另成新区者。至于我国南方城市，因地形及水面等限制，常采用带状或不规则形平面，如四川万县**、浙江绍兴等。为防御倭寇侵扰，明季又在沿海建造若干海防城市，山东蓬莱即其中之一。该城于县治以北另建小城，中辟水面以停泊船只，并有水道可通大海。在边防要隘又筑关城，其中最著名者如河北秦皇岛附近之山海关城及甘肃酒泉之嘉峪关城，皆以军事守备为主。

　　清朝自顺治入关后，即沿明北京以为帝都，其皇城、宫城等均未予变更，仅稍加修整而已。

　　至于入关以前之都城盛京，原建于辽初，称沈州。后经金，元、明历朝屡修。清太祖努尔哈赤天命十年（公元1625年），自辽阳迁都于此，并加以改建。将原有四城门及十字形干道，改为八城门（每面二门）及井字形干道。依《大清一统志》及《盛京城阙图》，知南墙东门名德盛，西门名天祐；西墙南门曰：怀远，北门曰：外攘；北墙东门称福盛，西门称地载；东墙南门为抚近，北门为内治。太宗皇太极天聪间，又增扩城池，建女墙、垛口、城楼、角楼等。而盛京之名亦始于此。至康熙十九年（公元1680年），更建称为"关墙"的外城，并辟相应之关门八处。此种于都城每面置二门，内部干道呈井字形的布置手法，在我国历代都城中尚属罕见，亦为此城之最大特点。

---

*[整理者注]《明太祖实录》卷四十五。另据《明史·地理志·凤阳府》载"周五十里四百四十三步。立门九，正南曰：洪武，南之左曰：南左单第，右曰：前右甲第；北之东曰：北左甲第，西曰：后右甲第；正东曰：独山，东之左曰：长春，右曰：朝阳；正西曰：涂山"。

**[整理者注]今重庆市万州区。

三、宫殿、苑囿

元代宫室可以大都为例。其皇城内布置有相对独立之宫殿三区，平面均为矩形，各筑宫垣环绕。东侧一区称大内，为元帝、后所居，周匝九里三十步，建于世祖忽必烈至元九年（公元1272年）。南垣三门，正门为崇天门，平面作门形，其左有星拱门，右有云从门，东、西、北垣各辟一门，名曰：东华、西华、厚载。沿大内之南北中轴线，列有宫室二组。南组主要建筑有大明门、大明殿、文思殿、紫檀殿、宝云殿等。其中大明殿为朝廷正衙，凡登基、上尊号、元旦、祝寿、朝会皆典仪于此。殿面阔十一间，后有寝殿及香阁。北组主要建筑有延春门、延春阁、慈福殿、明仁殿等。延春阁面阔九间，为三檐之重屋，显系此组建筑中之主体，后亦附寝殿及香阁，当为后宫之正寝所在。大内之西有隆福宫，有光天门、光天殿、寿昌殿、嘉禧殿、文德殿、翥凤楼等，均用以居太后者。兴圣宫在皇城西北隅，隆福宫之后，即太子宫。有兴圣门、兴圣殿、凝晖楼、延颢楼、嘉德殿、宝慈殿等。其北另有妃嫔院四。此外，史文中又有棕毛殿、鹿（盝）顶殿、维吾儿殿等建筑，当系蒙古固有或传自西域、中亚者。

苑囿之于大都皇城中者有三处：一在大内之北，称御苑；一在隆福宫西，称西御苑；另一在大内与隆福、兴圣宫间，以大面积之太液池水面为主，间以岛屿及津梁，此地原为金代离宫，元时予以扩郭，建有白玉石桥、仪天殿、广寒殿、玉殿、仁智殿及亭轩多座。其见于《元史》记载者，如至元元年修琼华岛，二年建广寒殿，四年作玉殿，均早于十一年建成之大内宫阙。此外，元帝屡命帝师及西僧举行大型佛事，亦多有在万寿山者。可见此时元代宫苑之功能，已不仅局限于宴饮、游息。

明代南京宫殿。早年仅依旧元衙署。及至正二十六年（公元1366年）拓建城池时，乃作新宫于钟山之西南。时太祖尚简朴，"典营缮者以宫室图来进，上见其有雕琢奇丽者，即去之……"[1]。次年（即吴元年，或至正二十七年）九月，新宫落成。宫在皇城内，前有奉天门，门内为正殿奉天殿，左、右建文楼、武楼；殿后再建华盖、谨身二殿，均绕以廊庑。谨身殿北为后宫，有乾清、坤宁等六宫，供帝后、妃嫔所居。洪武八年九月，诏"改建大内宫殿"，至年十年十月工成。其"制度皆如旧而稍加增益，规模益宏壮矣"[2]。而太祖亦以"宫殿新成，制度不侈，甚喜"。然经永乐靖难以至清末近六百年之变乱，明南京宫殿除午门基台大部尚存以外，其余俱已夷为白地，无复睹其昔日壮丽矣。

1《明太祖实录》卷二十一。

2《明太祖实录》卷一百十五。

明季北京之宫殿，始建于成祖永乐五年（公元 1407 年），成于十八年（1420 年）冬，其规制悉如南京而瑰伟有加。以后虽局部有所增补，但未予大改。唯奉天、华盖、谨身三大殿曾于永乐十九年（公元 1421 年）、嘉靖二十六年（公元 1541 年）及万历二十五年（公元 1597 年）不慎于火。而乾清、清宁、坤宁、慈宁、仁寿等宫与大内其他门殿之被焚者，亦屡见于史载。由此可知，终明之季，北京大内诸多殿阁门庑已非原构，其于结构与外观上形成若干差异，自在意中耳。

元末天下纷扰，民不堪命。明太祖与马后皆出于乱世，故国初力倡撙节。宫殿无取华奢，亦未闻有大起苑囿者。成祖北迁，拆蒙元旧殿更建新宫，而于太液池、琼华岛之御苑，则仍予保留，是为日后之北、中、南三海，时称西苑。宣宗宣德时，曾修琼华岛及广寒、清暑二殿，并命臣下选录书籍，置其中以备御览[1]。英宗天顺初，复于苑内新起若干殿亭、轩馆，其临太液池之滨者，有行殿三所：池东殿曰：凝和；池西曰：迎翠；池西南曰：太素，其与众不同者，为缮草而涂垩。并皆置殿门，各如其名。另建亭六，曰：飞香、拥翠、澄波、岁寒、会景、映晖。轩一，曰：远辄。馆一，曰：保和[2]。是为明季大规模修治此苑之最早记录。世宗嘉靖十三年（公元 1534 年）又大建西苑河东亭榭，帝且亲为定额，"天鹅房北曰：飞霭亭；迎翠殿前曰：浮香亭；宝月亭前曰：秋晖亭；昭和殿前曰：澄渊亭，后曰：趯台坡，临漪亭前曰：水云榭。西苑门外二亭曰：左临海亭、右临海亭。北闸口曰：涌玉亭。河之东曰：聚景亭。改吕梁洪之亭曰：吕梁，前曰：金亭。翠玉馆前曰：撷秀亭"[3]。此外，苑中尚有成祖之旧居永寿宫，系改自故元宫殿者，后易称万寿宫，世宗自嘉靖二十一年（公元 1542 年）起，即由大内移居于此。再依诸帝之《实录》，载宪宗成化间曾屡阅武臣骑射苑中，武宗又建土谷祇、先农坛，以及世宗张皇后亲蚕西苑等史实，可知该苑之应用范围甚为广泛也。

距北京城南二十里南海子，内有按鹰台等胜景，明时亦置为御苑。成祖永乐十二年（公元 1414 年），即曾予以增扩，"周围凡一万八千六百六十丈"[4]。宣德以来，屡诏谕修其行殿、墙垣，与夫行道、津梁。武宗正德间，帝于岁首大祀天地后，数御幸仪猎于此苑中，亦为一时之盛事。

清太祖努尔哈赤迁都盛京（今沈阳），依东京（辽阳）宫八角殿制式，建大政殿于斯，而规模稍巨，并置十王亭分列于殿南两侧。此乃沈阳清故宫东区之建筑，唯经太宗以下屡修。太宗皇太极即位，于大政殿西另建宫殿一区，亦沿中轴线作对称布置。宫门称大清门，外临照壁，左、右建朝房、乐亭、牌坊等。宫内主殿称崇政殿，两侧附挟殿，又有东、西侧殿等。往北为后宫，

1《明宣宗实录》。

2《明英宗实录》。

3《明史·舆服志（四）》。

4《大明统一志》。

建于高台之上，入口建筑名凤凰楼。寝宫称清宁宫。左、右各有次要宫室两座。乾隆年间更于其外再建称为东宫、西宫之建筑二组。位于西宫以西之文溯阁，建于乾隆四十六年（公元 1781 年），以藏《四库全书》。阁南有嘉乐堂，是为御用舞台。

清室入关后，即沿用明代北京之宫殿，前后二百余年，直至祚绝而终无大改。宫城（图 10-4）称紫禁城，平面为东西宽 750 米，南北长 960 米之矩形，周以高约 10 米之砖垣，四隅建曲尺形平面角楼，墙外更置宽 52 米之护城河。宫城内大致可分为朝廷与后宫两大区。主要建筑均布置在中轴线上，如午门、前三殿（太和、中和、保和）（图 10-5），后三殿（乾清、交泰、坤宁）、御花园及神武门等。其余若东、西六宫，供太后、皇子起居宫室，以及文华殿、武英殿与内府署、库、房舍等，均配置两侧及后部。全部建筑面积约十五万平方米，殿、门、厅、舍大小近万间，为我国现存最大的建筑群体，于世界而言，亦称独步。然此伟大建筑，仅于清帝逊位离宫后方渐为世人所知。现仅就最具代表性之建筑实例，予以介绍。

图 10-4　北京故宫总平面图

1. 外金水桥
2. 天安门
3. 社稷街门
4. 太庙街门
5. 西庑
6. 端门
7. 东庑
8. 社左门
9. 庙右门
10. 西庑（朝房）
11. 东庑（朝房）
12. 阙右门
13. 阙左门
14. 午门
15. 金水桥
16. 熙和门
17. 协和门
18. 崇楼
19. 贞度门
20. 太和门

21. 昭德门
22. 崇楼
23. 弘义阁
24. 体仁阁
25. 右翼门
26. 中右门
27. 太和殿
28. 中左门
29. 左翼门
30. 中和殿
31. 崇楼
32. 后右门
33. 保和殿
34. 后左门
35. 崇楼
36. 隆宗门
37. 内右门
38. 乾清门
39. 内左门
40. 景运门

0 10   50m

图 10-5　北京故宫外三殿平面

1. 午门

午门为宫城南墙正门，平面呈凹形，显然继承唐长安大明宫含元殿及北宋汴京大内宣德楼风范。高 35 米，下为砖砌城台，辟门洞五孔以为交通。上建九开间重檐庑殿门楼，两翼各建每面五间重檐攒尖方阁二座及相联之廊屋十三间，均以黄琉璃覆顶，衬以红墙及白玉石栏杆，外观甚为壮伟华丽。

2. 太和门

由午门北经置有内五龙桥之广庭，即达太和门。面阔九间、重檐歇山之门殿。殿下白石须弥座一层，前、后踏跺各三道。门之左、右，均有掖门五间，东曰：昭德，西曰：贞度。太和门就其形制规模，国内现存门殿未有出其右者。

3. 太和殿

太和殿与太和门隔广庭相对，为宫中最庞大建筑。矗立于高八米之三层白石须弥座上，前附广阔月台。殿面阔十一间，进深五间，重檐庑殿顶（图 10-6）。东西展延约 74 米，南北 37 米，高 27 米，面积达两千七百余平方米，居国内诸殿之首。此殿始建于明永乐十八年（公元 1420 年），原面阔九间，后多次毁于火。明初称奉天殿，后改称皇极，太和之名乃肇于清顺治二年（公元 1645 年）。康熙三十一年（公元 1692 年）将此殿面阔扩为十一间。殿内华柱林立，其中央六柱尤为宏巨，直径达一米，傅以沥粉贴金之盘龙图案。而清帝御座即置此六柱之间。座上藻井饰以二龙戏珠，益增堂皇富丽。其所施斗拱，上檐为单翘三昂九踩，下檐为单翘重昂七踩。枋、梁彩画俱用金龙和玺。屋面铺黄琉璃瓦，屋角戗兽施十有一枚。凡此种种，皆属当时建筑之最高等级者。有清一代，凡皇帝登基、元旦朝会及诸多大典均在此举行，是为大朝之所在。

4. 中和殿

中和殿在太和殿后，为每面五间之方形建筑，单檐攒尖顶。斗拱单翘重昂七踩。清帝于大朝会前，常接见近臣于此。就规制而言，此殿乃居前三殿中之末位，然其建造于顺治三年后未有大改，又为三殿中留存清初旧貌最多者。

5. 保和殿

保和殿位于中和殿北，面阔九间，进深五间，重檐歇山顶。斗拱上檐单翘重昂七踩，下檐重昂五踩。现殿重修于乾隆间，但仍保留若干明以来之木架构。此殿常用于宫廷宴饮及殿试进士。其北即后宫正门乾清门。

6. 乾清宫

乾清宫在后三殿之最南，实为面阔九间，进深五间之大殿，重檐庑殿顶，为清帝之寝宫。始建于顺治十二年（公元 1655 年），后毁，重建于嘉庆二年（公元 1797 年）。该殿又为清帝处理日常政务之地。清末并在此接见外国使节。

剖面

0 1　　5　　10m

平面

0 2　　10　　20m

图 10-6　北京故宫太和殿平面、剖面图

7. 交泰殿

交泰殿位于乾清宫后，为一面阔仅三间之方形小殿，单檐攒尖顶。清季作为内廷之小礼堂。乾隆时置玉玺二十五方于此。殿中又有计时铜漏及大自鸣钟等。

8. 坤宁宫

坤宁宫居后三宫之末，其开间、进深与屋盖形式俱与乾清宫同，是为清后之寝宫。殿之西偏有室，供帝、后大婚用。另有祭神之所。宫后之坤宁门可通御花园。

9. 养心殿

养心殿在乾清宫西庑外，以殿堂数所自成一区，为清雍正以后诸帝日常起居及处理政务之地，而重臣所领之军机处，即在其左近。

10. 文渊阁

文渊阁为乾隆帝所建以庋《四库全书》之七阁之一。位于太和殿东庑外东南隅，亦即文华殿之北端。建筑制式大体仿浙江宁波之天一阁。外观二层，面阔六间，盖依《易经》："天一生水，地六成之。"之义。唯屋面用歇山而非硬山。在构造上，于底层与楼层间增加一暗层，故内部实为三层。

宫中其他能可介绍之建筑尚多，因篇幅有限，故未能详述。

北京宫殿之宏伟壮丽，殆已举世闻名而无疑义矣。然其中之策划实施，亦有数端其可注意者。如宫城之中轴线，适与都城之中轴线相叠，并成为后者不可分割之一部分。其与汉、唐迄元诸朝帝都相较，未有整齐划一与端庄突出若此例者。再就宫殿本身而言，不但分区明确，且能突出以前三殿为中心之一组建筑，以作为整个建筑群体之重心。而在此三殿中，又侧重于太和一殿。其位置、体量、建筑技术或建筑艺术之处理，都达到了当时宣扬皇权至上的物质与精神要求。而宫中之建筑，无论其单体与单体、单体与群体、群体与群体间，还是在空间、形体、色彩等方面，均能形成良好对比与和谐统一，对体量至为庞巨之建筑群，能取得如此效果，尤为难得。其余之具体手法，如各建筑群体间夹道之运用（一若江南民居大宅之"备弄"），以及整个宫殿下水道之处理，皆可称别其慧心之善举。

清代之皇家苑囿，于康熙、乾隆时又兴起一个高潮。宫中小型园林，若坤宁宫后之御花园，虽堆砌假山，植以花木，然建筑较密、又少水面，缺乏自然气息。宫北之景山（时称煤山），与后廷仅一街之隔，虽有若干土石丘岗与林木、亭榭之属，然其建筑布署多采用对称式样，颇欠活泼生动。又因面积有限，未能形成特殊景观，极目所观，唯周旁宫阙与市廛而已。

西苑在紫禁城西，金、元时已大有兴筑，明、清仍为御苑。此苑以水面为主，有北、中、南海，故称"三海"。其中尤以北海（图10-7）一区之景物最佳，苑中高处为在北海中之琼华

图 10-7　北京北海平面图

岛，上积土为山，高可三十余米。清初于山巅建白喇嘛塔，山腰建永安寺。岛南置拱桥直抵团城，
岛西亦有平桥与岸相通。沿岛之北岸临水为廊殿，逶延近 300 米，手法与颐和园万寿山下长廊
颇类。北海之西北隅，有佛教建筑若干，如万佛楼、小西天等。稍东砌琉璃九龙壁，色彩鲜丽，
颇为壮观。滨湖跨水为方亭五座，缀以曲桥，名曰：五龙亭。南岸之团城，平面作圆形，又周
以砖垣，故有是名。主建筑承光殿位于中央，平面方形而四面出抱厦，较为特殊。殿中供有玉佛。
中海及南海沿岸地势较平坦，景物以建筑及树木为主。其可述者唯南海之瀛台，亦为此区中心。

本身为一小岛，四面环水，境地极为幽静。清末慈禧太后曾一度幽禁光绪帝于此。

清代皇家苑囿之最著名者，当推位于北京西北郊之圆明、长春、万春三园，三者毗邻而联为一体，其中以圆明园为最大，面积较其他二园之和犹有过之，而园中景物亦盛，正式命名者，有四十处之多。依现知苑中建筑单体与组群之数，于圆明园者达九十处，长春园二十八处，万春园二十七处。此苑始建于雍正之初，然大成于乾隆之世。除中国传统园林建筑外，复延西洋建筑师仿建欧洲巴洛克式建筑于园中。后乾隆数度南巡，见天下名园胜景中式者，咸仿写图形，移建园内。如圆明园中安澜园，系仿海宁陈氏隅园；文渊阁则依宁波范氏天一阁；三潭印月、雷峰夕照、平湖秋月诸景，均得自西湖。长春园中如园，蓝本出于江宁藩署之瞻园，亦明中山王徐氏旧园也；狮子林乃苏州黄氏涉园等，可谓不胜枚举。苑中无大丘壑，仅若干岗野坂。然水面几占三分之一，或分或聚，迂曲潆绕，若江南之水乡然。其中尤以明园东区福海之水面辽阔开旷，居诸景之冠。海中聚土成小岛，称"蓬岛瑶台"，亦为园中佳处。建筑于苑中所占比例甚大，为避免单调，力求平面与立面之变化，如"万方安和"平面为卐形，"清夏斋"工字形，"湛翠轩"曲尺形，"天临海镜亭"十字形，"澹泊宁静"田字形等。屋盖则多用单檐之卷棚式样，俾与正规之宫室建筑有所区别。此苑历盛清数十年之兴筑，其规模宏阔与建置华丽，于当时举世无俦，故被外人誉为"万园之园"。咸丰十年（公元1860年）英、法联军陷北京，此苑经劫焚后部分被毁，后虽有意恢复，然终清之时未能再举。尔后园中建筑及设施与残余砖木、瓦石陆续为人所盗取，以致大部遗址亦不可复辨矣。

北京附近保存较完好之大型清代园苑，现仅余颐和园一处。此园在城之西北郊，距城约十公里。于元代称"瓮山泊"，水北有高约60米之瓮山，均为当时风景胜地。明代名"西湖"，周旁建有寺院及诸阉臣宅第。清乾隆十五年（公元1750年）建为清漪园，浚湖筑堤。又为庆太后六十寿诞，起大报恩延寿寺于山巅，改山曰：万寿山，湖曰：昆明湖，园乃大具规模。及圆明三园毁于侵略军而恢复不易，太后慈禧乃于光绪十四年（公元1888年）挪建海军款白银60万两，大肆兴构增筑，至二十二年落成，并改名"颐和"。园中大致可划为二区：北区依万寿山为中心，南区则以占全园面积约3/4之昆明湖为主体（图10-8、图10-9）。苑之主要入口在东北隅，称东宫门。自此西至仁寿殿，为清帝听政之宫廷所在，建筑均依中轴线作四合院布置。以北有德和园，为皇室观剧舞台。再西缘岸构作行廊，凡二百七十三间，长728米。廊北居中有排云殿，为此处重点建筑。其北之佛香阁位于山巅，八角四层，高38米，居全园之最高处。据此可俯览远近风景。山北坡有喇嘛寺院——须弥灵境庙一区，已毁。山下引长河如带，称后湖。原临水建有街道与市廛，系仿苏州至虎丘之十里长街者，现均不存。山西水畔置有石舫及船坞。东北则另建小园一区，名谐趣园，其中山池、建筑，玲珑剔透，系仿无锡寄畅园手法。昆明湖中小岛名龙王岛，上建殿宇若干，与万寿山适为对景。又以十七孔白石拱桥联络东岸，桥长150米，宽8米，造型亦甚优美。自湖西筑长堤逶迤穿波，上建不同形状桥梁六座，并沿

图 10-8　北京颐和园万寿山平面

图 10-9　北京颐和园总平面示意

堤植柳。此为模仿杭州西湖之苏堤者，且位置在坤，故名：西堤。

　　位于热河的承德之避暑山庄（图10-10），为清室建于关外之著名苑囿。该处于清初已建行宫，康熙四十年（公元1701年）始大加扩郭。石垣周围二十华里，苑内4/5为山地，仅1/5为平地与水面。行宫置于南端，正门曰：丽正。入内为朝廷所在，正殿區曰："澹泊敬诚"，殿面阔九间，单檐卷棚歇山顶。全部木结构采用楠木，故又称楠木殿。另有殿堂如"烟波致爽"与"万壑松风"，为帝寝所在。"松鹤斋"以居太后、嫔妃。"纪恩堂"及"鉴始斋"系皇帝治事、读书之处。又有"清音阁"专供观剧。原东侧尚有东宫，现久毁无存。苑之东南一区，地势低平而多池沼水道，故亦为景点集中之处。建有水心榭、流杯亭、如意洲、金山亭（仿镇江金山寺意）、烟雨楼（仿嘉兴南湖）等景物。大多皆濒临水际，或矗立于秀峰叠石之间，或掩映于繁花垂柳之后，湖光掠影，绿意盎然，与置身江南无异。湖西有文津阁，亦乾隆时建造，用以存《四库全书》者。又有广原称"试马埭"，为昔日供骑射驰驱之地。山庄之西、北皆为山地。遍植松柏，山溪小道穿绕其间，极富自然景色。襄日曾建有佛寺多所，如碧峰寺、珠源寺、水月庵等，又置亭榭等棋布其间，现大多损毁。

　　康熙帝建此行宫，除为避暑，又作为安抚蒙古等少数民族上层统治阶级之政治场所。为此经常举行射猎、宴集、召见与宗教等活动。而先后建于行宫东、北侧之"外八庙"即属上述活动之一部分内容。

图 10-10　河北承德避暑山庄总平面

四、坛庙

元大都因皇城与都南墙相近，其间地域狭仄，故将太庙置于皇城以东之齐化门内，而社稷置于西侧之平则门内。明北京迁移南墙，恐与复置太庙、社稷于皇城南端有关。清代则基本依明之旧址未改。

1. 太庙

太庙在紫禁城前东侧，为皇室祀祖之地，现址建于明永乐八年（公元 1410 年）。主要入口在南，建有琉璃门三座。入门有金水河，上建小桥七道。再前为戟门五间，单檐庑殿顶。中三间辟门，过去门内、外置有铁戟 120 根，故有是名。越广庭而北，即为太庙正殿，屹立于三层白石须弥座上，此殿于明代为九间，至清改为十一间，重檐庑殿顶，形制与太和殿相仿而尺度略小。结构均施楠木，外观甚为雄伟。内置诸帝牌位，依东、西分列昭、穆。其后寝殿，面阔九间。寝殿北又建后殿，其间隔以红墙，殿内置帝室远祖牌位，称为"祧庙"。大殿东、西并置廊庑十五间，列功臣牌位作陪祀，庙周围砌以高大砖垣，外植松柏，以形成肃穆气氛。

2. 社稷坛

社稷坛在紫禁城前西侧，为祀土地神祇所在，始建于明初。其布置亦依中轴对称，但入口及祭殿均在北端，与一般之宗庙、坛祠有别。其祭祀地筑为方坛二层，坛上之东、南、西、北、中各置青、赤、白、黑、黄色土壤，以象征国土。坛外置方形墙墙，其四面并施同方位之土色，各墙中央建棂星门。北侧之享殿五间，进深三间，单檐歇山顶，为明代遗构。

3. 天坛

天坛在北京永定门内东侧，亦始肇于明初。原在都城南郊，嘉靖时筑外城，乃纳入城内。其平面（图 10-11）较为特殊，有墙垣二重，北墙两隅皆砌作圆弧形，以符"天圆地方"之说。正门辟于西侧，入门后，大道南置神乐署及牺牲所等附属建筑。内垣之道南，则建斋宫一区，供皇帝祭天前斋沐、起居之用。主体建筑有祈年殿及圜丘二组，依南北轴线排列于内垣之东偏。二者之间，联以高 2.5 米，宽 28 米，长 360 米之月陛桥（实为砖砌台道）。闻名中外之祈年殿（图 10-12），即位于其北之尽端。殿身圆形，下建高六米余之白石须弥座三层，上覆三重檐圆攒尖顶，全高约 45 米。此殿直径达 32 米有余，其中央置高 19 米内柱四根，以象一年之四季；另金柱十二根，用表十二阅月；而外檐柱十二，则示十二时辰。其内柱上之沥粉贴金蟠龙及五彩缤纷之梁枋、藻井，并增加崇高与华丽气氛。此殿矗立于白色高台之上，殿身金碧辉煌，上部覆蓝琉璃盖瓦与金色宝顶，无论就其外形轮廓、各部比例与色彩对比，均可称为我国古建筑中之佳作。殿前广庭以南及两侧另有门殿数座。

尽陛道之南，建有祭天之圜丘。此系露天之圆形祭坛，共为三层。下层直径二十一丈（合

1. 坛西门
2. 西天门
3. 神乐署
4. 牺牲所
5. 斋宫
6. 圜丘
7. 皇穹宇
8. 成贞门
9. 神厨神库
10. 宰牲亭
11. 具服台
12. 祈年门
13. 祈年殿
14. 皇乾殿
15. 月阶桥
16. 永定门
17. 先农坛

图 10-11　北京天坛总平面图

图 10-12　北京天坛祈年殿立面图

175

61 米），中层径十五丈（43 米），上层径九丈（26 米）。周以石栏，覆以石版，用石均取奇数。坛扩建于清乾隆之时，而明代旧构之尺度仅及其半。坛外亦建方形平面之墙墙，四面墙中央设棂星门。墙北另有圆形平面之小殿皇穹宇，下白石阶一层，上蓝琉璃单檐攒尖顶，通高约 20 米，为平日贮放"昊天上帝"牌位之所。两侧各置配殿一座。其外砌环形外墙，可折射声波，故俗称"回音壁"。此区建筑小巧玲珑，造型与布置均属别具心裁之作。

4. 孔庙

自汉、唐以来，儒学即为历代帝王所重视。除着意宣扬外，并诏封孔子，荫其子孙。又建孔庙于全国，而山东曲阜为孔子旧里，故规模最隆，埒于王制。

曲阜孔庙（图 10-13）现存建筑大半建于明季，自入口最南之金声玉振坊（图 10-14）至北端之神厨、神庖后墙，全长达六百余米，而东西仅不足一百五十米，故总平面呈狭长矩形。依纵深可分为殿庭八进，其主要部分在第四进之大中门以北，以南仅置牌坊、棂星门及门殿多座而已。又自大中两侧之墙隅建有角楼，亦可证此庙之规式已侔王制。奎文阁面阔七间，外观二层，重檐歇山顶，扩建于明弘治十七年（公元 1504 年），为孔庙中仅次于大成殿之最大建筑，楼上曾用以藏书，惜现已无片纸存留。底层陈碑碣若干、亦似为后人所移度者。阁后雁列碑亭十三座，均为面阔三间之方形平面，重檐歇山顶，形制大体雷同。除二座建于金代，二座建于元代外，尽属清构。其后之大成门，为核心建筑大成殿一组之门殿。面阔五间，进深六椽，单檐歇山顶。殿北广庭中有杏坛（图 10-15），为方形平面开三间亭式建筑，重檐歇山顶，相传宋时大成殿即建于此。主殿大成殿（图 10-16）面阔九间，重檐歇山顶。下为须弥座二层，殿南置广阔月台。其前檐施雕龙石柱，采高浮雕技法。下檐斗拱七踩，单翘双平昂；上檐斗拱九踩，单翘三平昂。室内并构天花藻井，又于明间设坛帐，内供孔子冕服坐像。殿北置寝殿，面阔七间，亦重檐歇山顶。斗拱于下檐为五踩，出双平昂。上檐七踩，单翘双平昂。室内树中柱一列，均分空间为二，颇似门殿之"分心"制式，较为少见。自大成门至寝殿间，东、西置两庑各四十楹。其外则东建礼器库、诗礼堂、崇圣祠、孔子宗庙等。西构乐器库、金丝堂、启圣殿等，俱组为院落多重。寝殿北另成小院，院北建圣迹殿，为专祀孔子生父叔梁纥者。殿面阔五间，进深六椽，单檐歇山顶。所施斗拱五踩，单翘单昂。东建神庖，西建神厨，各置周垣院落。紧邻孔庙之后墙与东北、西北角楼。

图 10-13 山东曲阜孔庙总平面图

图 10-14 曲阜孔庙金声玉振坊

图 10-15 曲阜孔庙杏坛

图 10-16 曲阜孔庙大成殿

五、陵墓

元代诸帝均葬起辇谷，陵址已不可寻。以世祖以下，崩后同月即葬之事实，可知其陵土木之功非钜。或言其无所封树，但瘗于沙漠之中，亦似可信。

明季早期帝陵，如泗州（江苏泗洪）祖陵与安徽凤阳皇陵，均久毁而遗物无多。其皇陵之石仲翁尚较完整，内中之石马且有控马人，似受宋陵之濡染，而孝陵以下则不复见。然于帝陵之制式，孝陵已一改旧日汉、唐以来作风，而另辟蹊径，于是我国帝室陵寝，面目为之一新。

孝陵位于南京东郊紫金山西南麓玩珠峰下，为朱元璋与马后葬所。兴建于洪武九年至十六年（公元1376—1383年）。其正门称大金门，于石须弥座上建砖城及券门三道。北行有正方形平面之大碑楼（俗称"四方城"），中龟趺上立永乐十一年（公元1413年）之太祖高皇帝神功圣德碑，石高约九米，为我国著名巨碑之一。越北端小桥折西，即见石兽，有狮、獬豸、骆驼、象、麒麟、马各二对，一跪一立，共十二对，分列路侧。然后神道转为北向，道旁置望柱一对，文、武勋臣各两对。其末建棂星门，现柱、墙皆佚，仅存石础数具。神道由北再折东北，达五龙桥。目下石桥尚存三道，部分已经修改。御桥北上约百余米抵陵门（又称"文武方门"），越庭有前殿五间已毁，二侧原建挟殿亦已不存。再前为位于三层须弥座上之享殿，殿面阔九间，进深五间，闻建筑毁于清末太平天国之役，现仅余鼓镜石础。其两侧亦有挟殿，中华人民共和国成立后于积土中掘得龙、凤、云纹望柱及石栏版若干，当系原物无疑。大殿后有内红门三孔，门外夹道植柏。道北有单孔大石桥跨内金水河，桥畔尚余云纹抱鼓石一，与大金门外下马坊所施者格调一律。桥北为方城、明楼，有券道贯方城后，左、右行皆可登临。明楼砖砌，面阔五间，进深三间，其上屋顶早毁，故不知其为砖券或木构也。方城、明楼以北，即为覆有近圆形土顶之墓丘，上密植松、柏之属。除上述建筑外，陵门内东、西原有六边形井亭，现井栏及地面铺石尚在。又大殿两侧曾建庑廊，20世纪50年代时仍留有若干残基及柱础、现已平复难辨。明时孝陵范围甚为广阔，周垣长达四十五里，钟山均在其内。据崇祯《禁约碑》及其他文献，知陵中植松十万余株，严禁人众于山中樵采伐掘。又畜鹿千头，其项下悬银牌，称"常生鹿"，亦不得伤捕。

永乐北迁后，其以下诸帝山陵均在昌平之天寿山，统称明十三陵（图10-17）。其陵门、大碑亭、神道石仲翁及棂星门等布置，基本与孝陵一致。仅最前增建五间十一楼之大石坊一座，又改大金门为大红门，而诸陵合用一神道，则为前代所未有。各陵主体建筑之配置亦多雷同，唯局部稍有变化或益减。又其陵门均称祾恩门，祭殿称祾恩殿。

对万历帝定陵（图10-18）之发掘，使明代帝陵地宫情况得以大白于天下。此陵地下部分系以石砌之筒券为其主要结构形式。于中轴线上排列纵向筒券殿堂二座、横向殿堂一座。其前

图 10-17 北京昌平明十三陵分布图

图 10-18　北京昌平明十三陵定陵（万历）

殿由地面至券顶高 7.2 米，室宽 6 米，中殿高，宽同前，仅长度略增。前、中两殿共长 58 米。于中殿后端置白石宝座、石五供、长明灯等。后殿东西向横置，高 9.5 米，宽 9.1 米，长 30.1 米。后构条状棺床，神宗及二后棺椁即置其上。中殿侧墙中央另辟甬道，通向左、右之配殿。其高、宽与前、中殿略同，长度为 26 米，均构有棺床（或台座），唯殿中未发现任何随葬遗物。各殿前均置白石门扉，上刻门钉、铺首等一如木构板门形式，甚为精致。又各殿顶石券经四百余年地层之压迫，尚未有损坏，可知当时石工技术之高湛。

清室之帝、后陵寝，分葬于河北遵化者，称东陵。而葬于易县者，称西陵。东陵葬顺治、康熙、乾隆、咸丰、同治五帝及其后、妃等，计十五处。西陵葬雍正、嘉庆、道光、光绪四帝，又有后、妃墓五十余处，外及亲王、公主等。

清帝陵之制度大体仍沿袭明代，但局部有所变化。如各陵均设神道，而非若昌平明十三陵之共用者。然其中繁简不一，以世祖（顺治）孝陵为例，其石象生有狮、狻猊、骆驼、象、麒麟、马六种，立、卧各二；文、武臣立像六，似依明太祖孝陵之制。圣祖（康熙）景陵减为狮、象、马立像二，文、武臣像四。高宗（乾隆）裕陵石象生动物复为六种，但仅有立像各二，文、武臣像亦仅为四躯。而德宗（光绪）崇陵全部不用。又神道后之棂星门（清名龙凤门），于德宗崇陵则易为牌楼，亦是一例。至于陵之本体，常于前端立碑亭，陵门（称隆恩门）外二侧就朝房。门内主殿称隆恩殿，两侧亦置配殿。隆恩殿后建三道之琉璃花门，再经二柱门及石祭台，即达方城、明楼之下。清陵多于方城与宝顶间辟小院名月牙城（俗称"哑巴院"）。两旁置踏跺以登城。宝顶形状有圆形及长圆形两种，其下即为地宫。地宫结构仍用砖石券顶，除置棺椁之墓室稍大，其他尺度皆逊于明代远甚。其排列仅为沿中轴之一路（大者如嘉庆之昌陵，有隧道、罩门、明堂、穿堂、金券等七重），而未见有附侧室若明万历之定陵者。此制亦影响清帝后之葬式。依清制凡皇后先帝而崩，或稍后而大行未瘗者，皆予合葬。其余则于帝陵附近，另营后陵，除规制差小，又无碑亭、二柱门，而方城、明楼亦有裁省者，若仁宗孝和皇后之昌西陵、宣宗孝静皇后之慕东陵。至于妃、嫔墓葬，皆数人或十数人合一园寝，其规格又等而下之矣。

六、宗教建筑

元代佛教仍甚昌盛，尤崇藏传佛教。世祖忽必烈延西藏高僧八思巴东来，赐封国师，命掌天下释教。以后诸帝皆因以为制。至元二十八年（公元 1291 年），"天下寺宇四万二千三百一十八区，僧尼二十一万三千一百四十八人"[1]。后成、武、仁宗诸世，太后及皇太子建寺于五台之记载屡见。御赐佛寺田地、金帛及敕修佛事与饭僧等，亦时有所闻。而诏建之巨刹如大护国仁王寺、大圣寿万安寺、大崇恩福元寺、大永福寺、八思巴寺、寿安山寺等，为数亦多，足见其对佛教之重视。元帝对于道教，亦不歧视。世祖中统初，即下诏修道观，又遣道士代祀东海[2]。后屡召汉天师四十代嗣张宗演至京师修醮，并命领江南诸路道教。成宗贞元间，又为建法宫等，然际遇终不及释教之隆。现将元时佛、道建筑有代表性者，择数例介绍于下。

1. 永乐宫

永乐宫原位于山西永济县，后迁芮城。此宫建于世祖中统三年（公元 1262 年），遗存之无极门（又称"龙虎殿"）、三清殿、纯阳殿（或曰"混成殿"）、重阳殿（亦名"七真殿"）均为原构，是目前所存最早与最完整之一组元代道教建筑。总体平面（图 10-19）沿南北向作纵轴排列，其三殿均前建月台，殿间且以甬道相接。三清殿（图 10-20、图 10-21）为宫中主殿，面阔七间（34 米），进深八椽（21 米），单檐四阿顶。平面中减去前列内柱及中、后列梢间缝内柱共十根，仅余中部内柱八根。外檐斗拱六铺作单杪双假下昂，内转三杪。内柱上五铺作出双杪承楂头。梁架均为草栿，置于天花之上。因屋架升高，梁间多用矮柱而不见驼峰。又仅施叉手，无设托脚。其后之纯阳殿面阔五间（25 米），进深六椽（20 米），单檐九脊殿顶。殿内柱减去次间缝者，仅余中央四内柱。又其进深之各间尺度由南向北递减，亦为其他建筑中少见。此宫建筑内所绘壁画，面积共达 960 平方米，均为元代作品。其于三清殿中者尤为壮观，凡天尊、玉女及众值日神像，共三百余躯，神态举止，生动妙俏，衣袂飘扬，线条流畅，可称元代壁绘之代表作。纯阳殿中所绘之吕洞宾事迹，共五十二幅，图中所表现之城池、宫阙、商店、住宅、桥梁、舟车、人物等，均为研究元代社会生活之极宝贵资料。

2. 广胜下寺

广胜下寺在山西赵城（亦名洪洞县）霍山下，其山门、前殿及后殿皆建于元。前殿面阔五间，

---

1 《元史·世祖纪（十四）》。
2 《元史·世祖纪（一）》。

图 10-20 永乐宫三清殿正立面图

图 10-21 永乐宫三清殿明间横断面图

图 10-19 山西芮城永乐宫总平面图

进深六椽，屋顶为单檐不厦两头造（即明、清所称悬山）。平面施减、移柱方式，即减去次间缝上左、右柱，但另移二柱于其间。后殿七间，面阔29米，进深八椽，约18米，单檐九脊殿顶。平面减、移柱形式亦大体同前，即仅保留当心间缝四内柱，另于梢间各置二移柱。又其第二间进深特宽，前、后椽进深亦不相等，且此二处之乳栿及搭牵，均使用天然曲材所成之斜栿，亦极特殊。

3. 明应王殿

殿在广胜上寺西南紧邻，为一祀水神之庙。山门南有三楹之戏台。门北有广庭，三面设廊屋，直北即明应王殿。殿前附月台，殿身三间，再周以回廊，故外观五间。平面呈方形，殿身斗拱五铺作出双昂，上重檐九脊之屋盖。殿中有壁画，其中一幅为"太行散乐忠都秀在此作场（"作场"即表演）"之戏剧场面，题年系元末泰定帝泰定元年（公元1324年），可知该殿建造当在此年以前。

4. 云岩寺二山门

山门在江苏苏州虎丘。门殿三间，进深六椽，分心用三柱，单檐九脊殿顶。斗拱四铺作，圆栌斗外出单昂。补间铺作之后尾完全截去，此种做法极为少见。在立面上，因角柱有侧脚与生起，故屋檐仍呈一翘起曲线。但屋面及屋脊已为清代改建。

5. 轩辕宫大殿

殿在江苏吴县洞庭东山。平面面阔与进深俱三间，东西13.77米、南北11.42米，单檐九脊殿顶。斗拱五铺作出双昂，其补间上为真昂，下为平昂，且置华头子。普拍枋与阑额均甚狭长，均保留宋式木构若干特点。次间柱下之勒脚，作成须弥座式样。

6. 妙应寺白塔

妙应寺白塔（图10-22、图10-23）位于北京西城区，现寺已毁，仅余塔存。塔建于元世祖至元八年（公元1271年），属大都之圣寿万安寺，为当时尼泊尔名匠阿尼哥之杰作。系喇嘛塔式样，下建亚字形之须弥座二层，座上置宽厚之覆莲瓣与粗壮之覆钵，再上为宝匣及相轮，最后覆以垂流苏之青铜宝盖，并以另一铜制小塔结顶。此塔须弥座以下高13米，以上塔身至顶高50米有余。塔之通体作白色，于阳光下莹洁耀目，与其上宝盖之灿烂辉煌，适成强烈对比。

7. 天宁寺塔

此塔在河南安阳城内，塔为八角形平面，须弥座上之塔身甚高，角隅砌圆倚柱，柱间为圆拱券及直棂窗，门、窗上琢刻神人、力士。柱额上施斗拱，出跳于第一层为六铺作三杪，以上均五铺作双杪。密檐共五层，每层壁间开小窗四，逐层错位。至顶建小喇嘛塔一。此塔均系砖建，其装饰与辽、金密檐塔颇似。而明季以后，遂成绝响。

明代中央政权以蒙元提倡之藏传佛教非释教正宗，故力扬中原佛教之禅、律、净土、天台诸派，而藏传佛教派除仍盛行于蒙、藏以外，于中原逐渐衰微。就佛教建筑而言，虽各地兴建

图 10-22　北京妙应寺白塔平面图

图 10-23　北京妙应寺白塔立面图

之数量众多，但规模宏大者，若明初南京之灵谷、报恩、天界，凤阳之龙兴，及其后北京之护国、隆福等寺，则尚罕见。以扩建于永乐时之大报恩寺为例，其殿堂、楼阁、廊庑、亭馆及寮库等达五十余处，在册僧徒五百人。寺中之八面九层琉璃塔高二十余丈，其门牖、勾栏与梁枋、斗拱皆仿木为之。壁面所饰天王、金刚及狮、象、法器等，形象生动，光彩璀璨。白昼铃铎交鸣，夜间篝灯腾焰。登塔远眺，四野江川、丘阜尽收，都内宫观、市廛毕现，而此塔亦可于百里之外见之，是为元魏胡灵太后于洛邑构永宁寺塔后，我国兴建浮屠之另一壮举，从而被誉为世界中世纪七大建筑奇迹之一。后毁于清末太平天国杨秀清与石达开之内讧，良可痛惜！

8. 大真觉寺金刚宝塔

此塔位于北京西直门外稍北。塔建于明宪宗成化九年（公元 1473 年），而寺则创于永乐初。据文献："成祖皇帝时，西番班迪达来贡金佛……建寺居之，寺赐名：真觉。成化九年，诏寺准中印度式建宝座。累石台五丈，藏级于壁，左右蜗旋而上，顶平为台，列塔五，各二丈"[1]、

---

1 《帝京景物略》。

此台下置低平台基，上建须弥座及附佛龛五层之石座，通高八米有余。南面中央辟券门，缘两侧梯级可登。台上中央置八米高方密檐塔一，四隅各置七米高同式塔一座。此种制式，于我国佛教遗物中尚称首见，纯系印度佛陀伽耶塔之影响，而非出自我国传统者。

明代制砖发达，其应用建筑亦广，而无梁殿即其突出成就之一。除使用于皇家之斋宫及皇史宬外，亦多有施之于佛寺者。现存明代佛寺中之无梁殿尚有十余处之多，其中年代较早与规模较大之例，当推南京灵谷寺所建。此殿依明·葛寅亮《金陵梵刹志》所附寺图，原称无量殿，位于寺中轴之金刚、天王二殿之后，五方殿之前，应属寺中之主殿。由现存遗物，知其面阔五间（53.8 米），进深三间（37.85 米），高 22 米，重檐歇山顶。殿身由三道沿纵轴方向并列之砖券组成，中券跨度 11.25 米，高 14 米；前、后券跨度皆为 5 米，高 7.4 米。周以厚达 4 米之外垣，内部隔墙厚 2.5 米，以承受诸砖券荷载。殿南、北二面于中央三间辟券门，两山则施券窗。檐下斗拱亦砖制，下檐三踩，出一平昂；上檐五踩，出一平昂一翘。其翘在昂上，与常制相违，是为后代重修时所致。现室内仅余砖台一座，未见有佛像及其他陈设。而曾为朱元璋赐额"第一丛林"之灵谷寺，于今唯此龄与放生池尚存，与其结构纯系砖建不无关系。明代中、晚期所建之无梁殿，以苏州吴县开元寺（图 10-24、图 10-25）为例，此殿面阔五间，二层，上覆歇山顶。其结构已采用并列之横向拱券，且雕刻装饰已转为烦琐。

图 10-24 苏州吴县开元寺无梁殿平面图　　图 10-25 苏州吴县开元寺无梁殿外观

明代佛、道建筑又有全以铜铸构件为之者，名曰："金殿"。实物见于湖北均县武当山天柱峰、云南宾川金顶寺、山西五台显通寺等处。其中以武当山者历史最早，始建于永乐十四年（公元 1416 年）。殿平面作矩形，面阔三间，计 5.8 米，进深亦三间，共 4.2 米；重檐庑殿顶，建筑通高 5.5 米。全系仿木构形式，其柱枋、梁额、斗拱、椽楣、门窗悉备。斗拱上檐九踩，双翘双昂；下檐七踩，单翘双昂。一切构件皆范铜镏金，既坚而弥久，又灿灿夺目。其于梁枋、藻井表面并施花纹，以为装饰。

伊斯兰教于明代亦有相当发展，故礼拜寺之遗迹今日颇有留存者。北京牛街清真寺即为著名之一例。此寺位于北京外城内西南，居回民集中之地。寺始建于元，明代复予大修。其总平面布置亦较特殊，入口在西，位于礼拜殿之背侧，与正常布置相悖。门屋呈六边形，实为一两层之楼阁，名"望月楼"。楼后有狭庭，以高墙与礼拜殿相隔，左、右辟门，由此通大殿之南、北庭院。殿坐西面东，面阔五间，进深七间。其入口在东、西端别为小龛，内书可兰经文，朝向信徒所膜拜之圣地麦加。礼拜殿东为宣礼楼（又称"邦克楼"），平面方形，供礼拜前召唤教民之用。楼东建对厅，面阔五楹，平面划分为东、西二部，其西部于建筑南、北端各附小室，用作贮藏。宣礼楼南、北各建五开间讲堂一所，供传习经典。本寺之浴室，置于大殿南院之阳，面积甚为宽敞。对厅以东，别为庭院数区，置阿訇住所及其他附属建筑。此寺经清代及以后多次修增，唯规核尚属明季，故列此以为介绍。西安华觉巷清真寺（图 10-26 至图 10-28）亦为国内规模较大之伊斯兰教礼拜寺，已采用中国传统建筑中轴对称及庭院式布置。建筑外观亦属中土式样，唯室内装饰等仍多保留外来影响。

清室于诸宗教并无所歧重。唯此时之佛寺、道观形制，仍因循明以来旧法。而国内伊斯兰礼拜寺，亦多受中国传统文化之影响，逐渐丧失其原来之建筑特点。康熙、乾隆之际，若干佛教寺院采取汉式建筑与蒙、藏等建筑形式相结合的手法，取得了很好效果，例如热河承德之外八庙即是。这对发扬与研究各民族的建筑文化并进一步推动整个中华建筑文化的发展，都是极有意义的。

9. 西藏拉萨布达拉宫

布达拉宫位于拉萨市西约 2.5 公里之布达拉（即"善陀"之意）山上（图 10-29）。始创于 8 世纪，现建筑为清顺治年间建。此宫依山之南坡建造，高达二百余米，外观异常雄伟。下砌边墙呈阶梯形之大踏道，中为依崖壁砌造之大面积墙体，最上为金色辉耀之屋盖、灵塔与经幢。墙壁色彩以大面积之白色与朱红为主，形成气势雄浩与对比强烈的效果。整个建筑外观 13 层，实际 9 层，其余于壁面构盲窗以求立面之统一。建筑大部施平顶，仅上部少数殿宇采用汉式歇山屋盖。因就地形建造，故宫之平面呈不规则形（图 10-30）。中央之红宫为建筑群主体，有佛殿、经堂、政厅、仓库及历代喇嘛灵塔等。以东为白宫。此外，周围另有印经院、佛像及佛具制作所及其他人员起居用房屋等。此宫基本采用西藏当地的传统建筑形式，但糅合了若干汉式做法，其构思与手法均值得推尚。

10. 普陀宗乘庙

此庙位于在河北承德市北郊，与清离宫避暑山庄隔狮子沟相望。建于乾隆三十二年至三十六年间（公元 1767—1771 年），占地二十二万平方米，为外八庙中规模最宏巨者。全庙大致可分为南、中、北三区（图 10-31）。山门位于南墙正中，为辟三券洞之门楼，左、右另

图 10-27 陕西西安华觉巷清真寺礼拜殿

图 10-28 陕西西安华觉巷清真寺礼拜殿讲经台

图 10-26 陕西西安华觉巷清真寺平面图

图 10-29 西藏拉萨布达拉宫外观

图 10-30 西藏拉萨布达拉宫总平面图

1. 山门
2. 制碑
3. 隅阁
4. 幢竿
5. 白台
6. 碑阁
7. 五塔门
8. 琉璃牌楼
9. 三塔水口门
10. 白台西方五塔
11. 白台东方五塔
12. 白台钟楼
13. 白台单塔
14. 大红台
15. 千佛阁
16. 圆台
17. 六方亭
18. 大红台群楼
19. 万法归一殿
20. 戏台
21. 八方亭
22. 洛伽胜境殿

图 10-31 河北承德普陀宗乘庙总平面图

置侧门各一，又建角楼于墙隅。中庭有一碑亭，平面方形，重檐歇山造。其北有门台，上置喇嘛塔五座，称"五塔门"。再北稍东，建四柱三门七楼之琉璃坊。自山门达此，主体建筑均沿南北中轴线布置，基本依汉式建筑方式。两侧则不规则建一至三层之平顶建筑多座，墙面刷白，并作盲窗，称"白台"，依残迹观之，系小型之佛殿。琉璃坊以北即缘踏道登山，是为中区。此区建筑规模不大，均系平顶之"白台"、塔台或僧人之住所。北区建筑矗立于高台之上，中央之主体建筑为广60余米、高25米七层之大红台（图10-32）。内为大院，中建方殿"万法归一"，其屋顶与两侧台上之诸阁，均施金铜瓦，故益显光彩夺目。台西南建千佛殿，东建大戏台，形体稍小，均为此区之重要建筑。主体建筑模仿拉萨之布达拉宫。其余部分则为藏、汉相结合，在布局与造型上，都达到推陈出新的效果。

立 面

平 面

图10-32 河北承德普陀宗乘庙大红台

11. 席里图召

在内蒙古自治区呼和浩特市。"召"为蒙古语"庙宇"之意。建筑重建于康熙三十五年（公元 1696 年），并经后代多次修补。主要建筑均位于中轴线上，有牌坊、山门、佛殿、大经堂等。东、西两侧另建佛殿、塔、活佛与喇嘛住所多处。大经堂为召内面积最大与最重要之建筑，建于砖台上，前列门廊七间。经堂面阔九间，进深亦九间，平面大体呈方形。内部采"满堂柱式"，故立柱如林，柱上包以红、黄刺绣纹样之毡毯，室内多悬幡幢。采光则来自天窗，故光线甚为昏暗，形成宗教神秘气氛。佛堂在最后，已毁。此建筑外观甚为华丽，檐柱髹朱漆，其上雀替、额枋为褐、黄二色，而侧面之墙砌蓝色琉璃砖，配以褐、黄、白色图案。屋顶施黄、绿琉璃瓦，并益以法轮、祥鹿、经幢等镀金铜饰。建筑风格仍为藏、汉混合式样，颇具特色。

七、住宅

元代住宅至今尚无实物发现[*]，依永乐宫壁画可略知一二，其所表现者有门屋、亭、前屋、侧屋与后室等。以大门置门钉，建筑檐下施斗拱，脊端用兽吻及室内家具等迹象观之，应属中、高级住宅。

明初对百官及居民宅舍已有明文规定。如洪武二十六年（公元1393年）定制"官员营造房屋，不许歇山、转角、重檐、重拱及绘藻井，惟楼居重檐不禁。公侯，前厅七间两厦九架，中堂七间九架，后堂七间七架。门三间五架，用金漆及兽面锡环。家庙三间五架，覆以黑板瓦，脊用花样瓦兽。梁、栋、斗拱、檐桷彩绘饰，门、窗、枋、柱金漆饰。廊庑、庖库、从屋不得过七间五架。一品、二品，厅堂五间九架，屋脊用瓦兽，梁、栋、斗拱、檐桷青碧绘饰。门三间五架，绿油兽面锡环。三品至五品，厅堂五间七架，屋脊用瓦兽。梁、栋、檐桷青碧绘饰。门三间三架，黑油锡环。六品至九品，厅堂三间七架，梁、栋饰以土黄。门一间三架，黑门铁环。品官房舍，门窗、户牖不得用丹漆"。三十五年又申："一品至三品，厅堂各七间。六品至九品，厅堂梁、栋，祇用粉青饰之"。其于庶民庐舍，洪武二十六年定制："不过三间五架，不许用斗拱，饰彩色"。三十五年复令："不许造九、五间数房屋"[1]。明初制令严厉，但后来稍驰。故正统时变通为开间数不许增加，但屋架数不予限制。此种情况，于杭州民宅及皖南均有见之。

皖南徽州一带经济较为发达，茶叶、文具均负盛名。但当地富商、地主所营宅第，一般规模不大，然甚为华丽。住宅平面多呈南北稍长之矩形（图10-33），外施高墙，内为二层之木构建筑。大门辟于南墙正中，入内为门屋，进而为庭院，两侧建厢房。正房在院北，一般为三间，

下层平面　　　　　　　　上层平面

0 1　　5m

图10-33　安徽歙县住宅

中作堂屋，两侧置卧室。登楼之梯置于堂屋之木板屏后或厢房内。楼上各室采光基本经由天井，故朝内开窗。窗下常置鹅颈椅，此部之木雕甚为华美精细，是全宅装饰重点所在。上层木架露明，梁栿用月梁形式，但断面较肥，其支承处常施驼峰、斗拱。楼上之柱，又常不落于下层柱上，而肩之以梁，亦此地明代住宅之特点也。而类似此种平面及结构之民居，如云南之"一颗印"式住宅（图 10-34），及江西……诸地皆可见到。

我国现存古代民居，大多属于明、清二季，而尤以后者为多。其种类甚伙，分布亦广，现择若干作为传统民居之代表，分别介绍于后。

图 10-34　云南昆明附近"一颗印"式住宅

1. 北京四合院

北京四合院（图 10-35）亦为我国北方常见民居形式，其应用地点自不限于北京一地。较典例之平面，仍作南北较长之矩形。大门常南向而辟于南墙之东偏，迎门有照壁一方。门右为附小院之门房。左转即至前院，院南建屋一列，称"倒座"，外客厅即置于此。其西另为小院，置杂屋、厕所等。前院北墙居中构垂花门，门内为主人及内眷所居，一般外人不得擅入。垂花门北有广庭，铺甬道，植花木。庭北建主人起居正屋三间，其东、西或有挟屋，为书房、静室等。院东、西侧各建厢房三间，供主人子女、亲属居住。正房后再置小院，其北端之房舍为储藏、厨房、厕所及仆役住房等。一般四合院中均为平屋而无楼房，四面周以砖垣而绝少对外开窗，是以内部既少风沙又颇安静，且阳光与空气充足，为旧时甚为理想之居所。

平面

图 10-35　北京典型四合院住宅

2. 江南大型住宅

江南大型住宅常见于苏南、浙北一带，为旧时地主、官僚之宅邸。常以若干庭院沿南北中轴依次排列，大宅或设平行之轴线数条（图 10-36）。有些住宅还附有庭园。

住宅之主要部分，常依中轴线作南北排列。大门对面，有时建有砖砌照壁。大门外观较简单，以青石为门框及门楣，其上或加门罩。门内隔小院设轿厅，为旧日停放轿舆之地。其后再置庭院一区。院北之大厅，即主人宴集、接待宾客所在。该厅为宅中主要建筑，宽大敞宏，装修精丽，所置家具多紫檀、花梨之属。大厅北建门楼，其作用相当北京四合院住宅中之垂花门。

门内另有庭院、楼屋,供主人家属起居。主轴线之侧旁,或置主人之书室、内客厅(称花厅)及附属用房与庭园等,多作不规则之布置。住宅外垣,率于下部叠砌青石,而以上施砖构为空斗。墙头随建筑之起伏,砌作阶梯状之"马头墙"或曲线之"观音兜"式样,既可防止火灾蔓延,又丰富了建筑外观,可谓一举两得。大厅面阔三间,为扩大使用面积,遂采用延伸进深方式,故此类住宅之厅堂,常进深大于面阔。又于各纵列建筑间,置称为"备弄"之夹道,供平

图10-36 浙江东阳卢氏住宅总平面图

时服务人员进出及消防或运输之用。庭院之入口常建砖门楼，其朝内之一面，施各种精细砖雕，或为斗拱、挂落、垂莲柱等建筑构件，或为几何花纹、动植物图像以及历史故事、神话传说，内容极为丰富，形象与构图亦多佳作，实为建筑艺术中一枝奇葩。

3. 南方穿斗式住宅

南方穿斗式住宅多建于山地及丘陵地带，尤以川、滇、黔、湘、闽、赣诸省为多。特点为结构上采用断面较小、排列较密之柱体，其间施多层短小之枋木穿联，从而组成整体性较强之排架，可节约抬梁式木结构中不可缺少的长梁粗柱。因结构自重甚轻，取材与施工皆甚简易，又能适应各种复杂地形，故为山区所习用（图 10-37、图 10-38）。南方气候较暖，其屋盖常仅于竹、木椽上敷瓦一层，墙体则用竹笆泥墙，内、外表面涂以白垩，外观甚为简洁明快。也有以夯土、土坯或竹木、石料作外围护结构的。

图 10-37 重庆沙坪坝秦家岗周家院住宅剖面图

图 10-38 重庆沙坪坝周家院住宅平面图

197

4. 客家土楼建筑

客家土楼建筑存在于闽西南及粤北一带，其居民之祖先系自他处迁来，为安全计乃聚族而居，此项土楼即族人共居之所。建筑平面大致有圆、方及混合式数种，各自层叠相套，周以高厚之夯土墙垣，外观甚为雄浑朴实。以福建省永定县之承启楼（图10-39）为例。该楼建于明末清初，底层土围直径65米，墙厚1.5米。平面由环形房屋三组相套而成。外环建筑高15米，划为四层，底层于南侧开正门，东、西各辟侧门。此层房屋主要供牲畜饲养及堆放农具、柴草之用。二层储粮食。三、四层住人。二层以上临院置环形走廊，兼交通及采光、通风之用。第二、三环建筑俱一层。中央另有建筑一组，系族人会议及婚丧之所。全楼房舍三百余间，住户达一百左右，居民约五百人。该建筑因环以厚墙，故冬暖夏凉。其夯土内含胶质，又混以少量石灰、碎石，加以夯筑得法，遂能弥久而不摧不裂。即此一端，亦足为今后研究之重要课题矣。此类住宅尚有方形平面及混合式平面（图10-40）等多种形式。

5. 黄土窑洞住宅

黄土窑洞住宅分布于我国华北与西北之黄土高原，我国最原始居住形式发源地之一。此乃利用黄土之直立性及易于开掘特性，于土壁掘出横向窑洞，以为居住之所（图10-41）。其形式有于山腰径开横穴与就平地挖一矩形坑院，再在坑壁开穴两种，后者亦如常见之三合院或四合院式布置。土穴部呈拱券状，于入口处置木门窗，穴宽一般不超过3米，常于侧壁开小龛。一般为单穴式，也有将前、后数穴联为套间者。黄土构成之窟洞，具冬暖夏凉之功。唯室内通风不甚良好，易滋生细菌；又为水浸时易于崩坏，是为其不足。

6. 干阑住宅

干阑住宅使用于华南及西南之林区及丘陵地带。如海南岛、云南、贵州等地。此类建筑以木材或竹材构为框架，下层架空，上层建屋，再覆以茅草或陶瓦之屋盖。例如云南省景洪之傣族住所，即为此种形式。一般以30厘米左右见方之木柱下端埋入地中，或置于平铺地面之石础上，柱之上端联以梁、枋，再铺木板，于上另立柱建屋。下层用作畜栏及库藏，并设木梯直达上层。上层居室之外置一前廊，有坐栏供日常休息或家务劳动用。其侧另有晒台。居室大体分为堂屋与卧室二部。堂屋中前部于楼面铺石板若干，上置火灶，为全家举炊、采暖及主人待客之处。卧室在堂屋一侧，外人皆不得窥探或入内。居室之外壁施木板或竹片，基本不辟窗户。屋顶大多为坡度甚高之歇山式，其陶瓦一侧有小钩，可悬挂于屋面之挂瓦条上。

7. 密肋梁平顶住宅

密肋梁平顶住宅使用于我国华北及西藏、青海、甘肃等地，这些地区均属少雨地区。其形式为于夯土或块石所建之围护墙体上，密置断面不甚大之木条，再于其上铺木板、土坯等构成平顶，此处亦可用作粮食之晒场。藏胞所居之固定房屋，大多即属此式。其平面计三层，底层为马、牦牛等家畜之饲所；中层为卧室与贮藏；上层则置经堂、晒台与厕所。因地多产石，故

平面

北

剖面 I—I

图 10-39　福建永定客家住宅承启楼

图 10-40　福建永定客家住宅

剖面 I-I

剖面 II-II

二层平面

贮藏　灶　灶　灶

北

上

客

屋

厕所

一层平面

0 1 5m

图 10-41 河南巩县窑洞住宅

外墙均以石砌。山东、河北农村，亦有采用此式住宅者，外墙有夯土及条石二种，唯建筑多系单层，亦有局部二层者，俱用作居住或贮粮，其余畜圈与柴草，则于院侧另建小屋。

8. 帐幕住宅

帐幕住宅多见于西藏、甘肃、青海、新疆及内蒙古，为从事畜牧业之居民所用。以蒙古族常用之"蒙古包"为例，其平面作圆形，直径4~6米，高2米有余。以活轴穿木条编为框架，外覆以毛毡。顶部留有圆形天窗以采光或排烟，当雨雪过大时，亦可予以覆盖。此项帐幕易于装拆及携带，故目前尚广泛使用于牧民中。

9. 井干式住宅

井干式住宅系以原木（或表面稍加工之木材）开榫交接成框状，再相叠以为建筑之墙壁者。多使用于盛产木材之林区，如东北之大兴安岭一带。因木材长度有限，故建筑面积不能过大。而材料之使用量大及其形成之外观简单，遂使此类建筑难于获得进一步之发展。特别在木材日益匮乏情况下，非林区之其他地域，绝无可能采此种结构形式。

其他各地民居之具特色者尚多，如新疆之土坯建筑、云南昆明"一颗印"及丽江白族民居、东北大兴安岭之地穴与中南一带水上船民之舟居等，因篇幅有限，未能一一予以介绍。

八、私家园林

此私家园林之范围，乃包罗皇家苑囿以外之一切附属于宅第、寺观、祠庙者，即应作广义之理解。

元代此类园林罕存有实物。前述永乐宫纯阳殿中之壁画，则有间接之描绘。图中有绰楔、桥梁、殿阁、亭榭、树木、流水之属，其组合甚为自由。远处又有山崖、悬瀑，其为风景建筑至为明显。现知元代园林遗构最著名者，为位于江南水乡苏州之狮子林。园在城内东北，元末顺帝至正二年（公元1342年）僧惟则驻锡之寺园也，"林有竹万，竹下多怪石，有状如狻猊者，故名狮子林"[1]。再依元至正七年郑元祐《立雪堂记》与明初洪武五年（公元1372年）王彝《游狮子林记》等文献，知园内建筑绝少，"其为室不满二十楹，而挺然修竹则数万个"。则其中景色，自以自然风物为主。今日所见之刀山、剑峰与蚁穴、迁径，均系后世所加者。

元代大都之私园载于典籍文记者，有都南之祖园、玉渊潭丁园及廉氏万柳堂。

明、清之季，私人造园盛极一时，非但文人画家参与其事，又出现若干专司造园之专业人士。若明之计成、陆叠山，清之张琏、张然、仇好石、戈裕良等，皆名噪一时之巨匠。此时私园之竞筑，虽已遍于全国，然就其精萃与集中而言，当推京师与经济、文化繁荣之大、中城市为突出。如南京、北京为二代帝都，贵胄、达官之宅第每构私园池山，明季南京中山王徐达子孙于城南所置之瞻园、太傅园、凤台园、万竹园等，均已数见于文记[2]。又袁枚之半山园，与龚贤半亩园中之扫叶楼，俱属清时私园之佳构。北京则以明米万钟之漫园、勺园与湛园，武清侯李伟之清华园（或称李园），严嵩之怡园及其子世蕃之听雨楼，宣武门外之四屏园诸地最负盛名。清代北京名园如恭王府花园、礼王园（又称大观园）、和珅之淑春园等，亦皆一时之极。南方私家园林之高湛水平与众多实例，均居全国之冠，其中苏、扬、杭等地更为突出。例如姑苏一带，自东晋南渡以来，已成为我国农业与手工业最繁昌地区之一。加以水、陆交通便利，科甲、文风盛鼎，故当地造园活动得以久茂而弗衰。较早之例有创于五代十国之沧浪亭及元代之狮子林。据作者调查，除久为人晓之拙政园、留园（东园）、西园、网师园、环秀山庄、怡园、艺圃（图10-42）、耦园等以外，其他现存大、小园林、庭圃，为数尚有百处以上，可谓研究我国传统园林之稀珍宝库。又如濒临大运河之扬州，久居南北航运交通要冲，又为清代江、淮盐业集散重镇，颇具地方经济实力。复以康熙、乾隆屡经巡幸，故所在官绅、商贾于山池、楼台之营建，莫不尽心

---

1 元·欧阳玄《狮子林菩提正宗寺记》（至正十四年）。
2 明·王世贞《游金陵诸园记》。明·顾起元《客座赘语》。

图 10-42 苏州艺圃平面图

竭力，冀希荷蒙恩宠。虽旧时亭馆于今已百不存一，然依现有之何园（寄啸山庄）、个园、平山堂、徐园等实物，可窥其原来规模与风范之非同一般。但就其园林遗物数量与造园技艺而言，则与苏州犹有若干距离。

现就若干著名园林实例，分别叙述于后。

1. 拙政园

该园在苏州城内东北。始为明正德间御史王献臣别业，现规模成于清末，占地六十二亩，为苏州诸园之最宏阔者。全园大致可分为三区：东侧称归田园居，久已荒废。中部称拙政园，面积最大，保存亦最完好，为全园精华所在。此园位于旧时住宅之北，有小门可通。入门越黄石山，即达园之主厅远香堂。此建筑面阔三间，进深七架，周以回廊，门窗皆落地槅扇，可览四周景物，故又称"四面厅"。堂北有平台临水，越池有岛山二座，林木葱郁，鸟语蝉鸣，极富江南水乡自然景色。堂西南置廊桥"小飞虹"，辟为水院一区，有临跨水际之亭榭小沧浪、得真亭、招风亭等，甚为幽静曲奥。水院西北，有旱船香洲，为仿舟形之临水建筑，尾端有楼可攀。再西北有二层之见山楼，四面环水，通以桥廊，旧日登此可远眺郊外虎丘，现此景已为市内群楼所掩矣。远香堂之东有广庭及曲折起伏之云墙，其后另成小院数区，缀以亭馆，系以长廊，植枇杷、海棠之属，故有枇杷园之名。西区称补园，地狭而水面亦不开阔，主厅在南侧，系由南、北二厅组合之鸳鸯厅形式。南称"十八曼陀罗花馆"，盖南庭中植有山茶十八株，可供冬季欣赏。北名"三十六鸳鸯馆"，以厅北水池中原蓄养此种水禽也。池北叠土石山，上建二层之浮翠阁，为全园最高观赏风景处。沿池另有倒影楼、与谁同坐轩、塔影亭、留听阁等建筑。再西，尽辟为花圃。

2. 留园

该园在苏州市阊门外之西北郊。明嘉靖间太仆徐时泰建，时称东园。清嘉庆时为观察刘恕之寒碧山庄，以拥有太湖奇石十二峰而蜚声江左。太平天国之役，此园幸免于难，故光绪时改称留园。总面积三十亩，为苏州现存四大名园之一。全园可分为中、东、北、西四区。由入口经小院及曲折行廊北上，即可至园之中区。此区面积约十亩，为各区之最大者，依景物建筑布置，又可分为东、西二部。西部中凿大池，水西、北二面叠黄石山，其外再置沿墙之曲廊。南侧建明瑟楼、涵碧山房、绿荫轩临水。东为曲溪楼、西楼，楼外水滨有巨大枫杨数株，状极古朴。东部以建筑与庭院为主，主厅五峰仙馆，以南庭中矗石峰五座得名。厅之结构皆施楠木，内中装修亦颇精丽。厅西深院数重，曲廊、小轩之间，散置秀木、佳石，甚富幽情雅致。再东有鸳鸯厅"林泉耆硕之馆"。馆北月台下凿小池，隔水立石峰三座，中央为高6米余之冠云峰，相传为宋徽宗花石纲之遗孑，亦苏州乃至江南石峰之最佳者。两侧之岫云、朵云二峰，亦属石中上品。峰北有庭院及冠云楼，楼二层，唯甚狭仄。自岫云峰左之半亭循廊西行，即为北区，原有建筑已多破坏，暂作花圃。园之西端，为一东西狭而南北长之土岗所据，岗上密植枫林，杂以银杏，亦为秋高时之胜景。此区建筑仅岗上小亭二座与岗下方榭（名"活泼泼地"）一所，故景色以自然与主，适与中、东区成强烈对比。

3. 网师园

该园在苏州城南阔家头巷，园在住宅西、北二侧，平面约呈 T 字形。于中部凿池，环以湖石矶岸。主要建筑有池南之小山丛桂轩，亦为"四面厅"形式。其西北有濯缨水阁，低临池面，外观及装修均极匀称精丽。西墙建长廊，中置六角亭名"月到风来"。直北可至看松读画轩。轩东有集虚斋、五峰书屋及竹外一枝轩等，自成一区天地。其前、后各有小院，置峰石、花木。池东为住宅之西墙。为消除大面积墙面之呆板单调，除采用山墙外轮廓多变，又于墙面增添水平线脚与假窗，以及种植藤蔓植物等手法，均收到很好效果。园之西北另有小院，布置殿春簃、冷泉亭等建筑，幽深僻静，为昔日园主净心养性之所。此园面积虽仅十亩，但布局紧凑，建筑精巧秀丽，是苏州中型园林之代表作。

4. 个园

该园在扬州市内西北之东关街，清初为寿芝园，嘉庆间盐业巨商黄应泰改筑，以园中多竹，故名个园。平面作横长方形，入口在南，除植竹林，又间置石笋若干，以象征春日嫩竹之破土。门内有三间之桂花厅，为主人宴饮接待宾客之处。厅北聚水为二池，池东施曲折石桥一道。池西北以湖石构有洞穴之假山，引流水如帘垂落石洞前，遂有"水帘洞"之称。洞内凉爽清谧，且垂有钟乳石，主人以此区表示夏景。池之东北，以黄石另叠一山，有石磴可登临，迂回曲折，颇具匠心，至巅建小亭供休憩眺望，亦全园之最高处。此山叠石之轮廓刚挺，其色泽黄赤，石间又少木植，故以影射金秋之肃杀。园之东南隅，于墙上凿孔若干，空气经窄巷流动，穿孔发声若北风之呼啸。又于庭院地面置白石，如示积雪之未消。凡此等等，均寓意于严冬腊月之景象。此种以"四季假山"为园景主题之构思，以及其处理之具体手法，于国内现存园林中尚属首见，故堪令人注目。

其他如岭南园林，为数不多，风格与前述者亦颇有差异，因其特点不甚突出，故暂不予以阐述。

九、建筑技术与艺术

明代诸营建工程之最宏巨者，莫若长城之修筑（但此长城非秦、汉时所构者）。此城东起鸭绿江口西岸，西止甘肃酒泉嘉峪关，逶迤辽宁、内蒙古、河北、山西、陕西、宁夏、甘肃诸地，全长5600公里（内中河北、山西之复线尚未计入）。沿途所经，大多系地形复杂与气候严酷之地，或腾越山岭，或凌跨沙漠，故施工、运输条件甚为不利。然终能摈除万难，成功竟此举世瞩目工程，其策划决心与艰辛劳动实令人钦佩。所建墙垣位置，常依山脉之分水岭，或利用天然之断崖绝壁。墙体之构成则施用石、砖与夯土，视地域与防卫要求而有所区别。如近京师者，均以砖石包砌内、外壁面，其中实以夯土或三合土。而山西大同一带，则皆以土筑。城高亦因所处地形而异，一般高3～8米。顶部宽度则为4～6米。城上构女墙、雉堞。间隔百米左右建高于城面之敌台。台有单层及二层者，可供士卒料敌、射击与休息之用。另每约1.5公里设烽火台，多置于山岭可远眺处，如遇来侵，即举烽烟示警。此外，又建炮台以置火铳，俾形成交叉射击。复设外附围垣之总台，以为地区指挥中心。而于交通孔道及险要之地，为加强防卫，就地特设关隘，如山海关、居庸关、紫荆关、倒马关、雁门关、娘子关等。其附近墩台、烽燧林立，并增建营堡、关城，俨然军事重镇。

明代长城（图10-43）之建设固出于防御需要，然与当时制砖业之发展亦大有关系。明季陶甓生产之数量与质量，均已超过前朝水准。如洪武初建南京城所烧制之大城砖，长度为40～45厘米，宽20厘米，厚10厘米，重量为10～20公斤，其受力强度及烧制火候皆属上乘。以后各地州、县修筑城池，均相继甃以砖壁，此项兴造活动，尤以中叶诸朝为盛。而明长城之大举兴建，亦在此时。其他砖构建筑如佛塔（大多为仿木构之楼阁式塔）、无梁殿等，为数亦复不少。

至于琉璃砖、瓦之生产，明、清均有长足进步，应用也更为广泛。知名之建筑若明南京大报恩寺塔、山西洪洞广胜上寺飞虹塔、山西大同晋王府九龙壁、清北京紫禁城宫殿、颐和园诸建筑、北海九龙壁等，皆为极有代表性之作品。此时琉璃之色彩，除习用之黄、绿、蓝色外，尚有黑、紫、褐、白、桃红等多种。用于官式琉璃之构件亦逐渐定型（包括构造及外观、尺度），有利于大量建筑之设计与施工。

清雍正十二年（公元1734年）颁布之《工部工程做法则例》，是继北宋元符三年（公元1100年）编成《营造法式》后，另一部系统阐述官式建筑各作做法以及估算工料的专门著作。全书共七十四卷，分述大木（1—27卷）、斗拱（28—40卷）、装修、石作、瓦作、发券、土作（41—47卷）、用料（48—60卷）及用工（61—74卷）。又依木架将大、小各类建筑划分为二十七种，并分别厘定其总体与局部之尺寸及做法。它进一步推动了建筑的标准化和定型化，但同时

平面

0 5 10m

南立面

0 1 5m

门内壁立面

0 1 2m

图 10-43　北京居庸关云台

也使建筑结构的发展，受到更多的限制和束缚。此书成于清初，其内容无疑地包纳了许多迟至明末的建筑手法，这对我们了解明代建筑的发展及其具体制式，是极有帮助的。由于大木中采用斗口为计量标准单位，结构件断面较宋《营造法式》中者大为减小。又梁之高、宽比例亦由3∶2改为5∶4，使原木出材率增加，大大节约了木材的用量。足材高度由宋制二十一分°改为二十分°，亦有利于加速设计与施工的进程。此外，还简化了若干构件的具体做法，如改月梁为直梁，取消柱之侧脚与生起，斗底不䫌颛、椽头不杀等皆可省时省工。

由于结构与做法上的变化，建筑的外观亦与唐、宋有较大区别。建筑轮廓中曲线少而直线多，如缓和起翘的屋脊与檐口俱已不见；柱的细长比增加到1/10或以上，开间的空间形状亦由方形变为扁方形；斗拱尺度减小，攒数增加；彩画色调由以金、红为主的暖调，转为以蓝、绿为主的冷调等。

明、清建筑中使用石质大型浮雕、壁塑及壁画者甚为少见。偶见之壁画，亦多施于佛寺。明代壁画如绘于山西应县净土寺大殿（金）、四川蓬溪宝梵寺大殿者，其风貌形象，较之元永乐宫则远不逮矣。而清代所绘者，尤等而下之。然砖、木雕刻之艺术，则于此期有较大发展。特别在江南一带，其民间住宅稍有余赀者，多于大门前后之上端，施简繁不等之砖刻；或在大木之垂莲柱、斜撑，门窗之裙板处施木刻；手法大多为浅或深之浮雕。其所示内容有山川、植被、建筑、人物、禽兽及几何纹样等，或表现历史故事、或征兆喜庆吉祥，甚为丰富多彩。

　　明、清彩画类型已逐渐定型，且等级及构图纹式亦与前代有较大区别。如梁、枋彩画之箍头与枋心比例，渐趋向各占总长之 1/3。又色彩之由暖色转向冷色，已见前述，并且还采取青、绿二色上下、左右相间的手法。此外，沥粉贴金和披麻捉灰的运用，也对彩画的表现和施工带来很大的变革。在装饰纹样方面，明代尚继承的以往形式如西番莲，至清代已完全由旋子来代替。又出现了广泛运用于园林、住宅的苏式彩画，其主要装饰所在之"包袱"，系以历史故事、风景名胜、博古宝器等为内容，与历来彩画一贯施几何纹样者大相径庭。

　　家具为建筑中不可缺少的组成之一。明代因对海外贸易的开展，输入了盛产于东南亚的热带优质木材，如紫檀、红木、花梨木等，具有质地细密、坚硬光滑、纹理优美、色泽绚丽特点，为制造构件断面小与榫卯精密的高级家具创造了条件。明代家具的特征是它的功能、结构和外观的高水平统一，在保证其使用功能条件下，将结构构件的断面减至最低程度。在外观上，则充分利用各组成构件之原有尺度，仅稍加处理，如桌、凳、几等腿柱之略予收杀；其间横撑则做成中间稍凸之"月梁"式样；所用少量雕饰，则集中于辅助构件上。是以明代家具以比例匀称、结构简洁、造型明快著称。清式家具继承明之传统，但装修渐趋华丽、烦琐，造型亦较复杂。又镶嵌以贝壳、陶瓷、大理石等，至清代末季，更受若干外来影响，虽工料精致，但外观已与传统风格相去甚远。